U0092959

網路@生活與法律

網路上身的時代……

擔心個人資料被盜用嗎？

曾在拍賣網上吃過虧嗎？

總是被垃圾郵件灌爆信箱嗎？

醒醒吧～

別讓權益在網路中睡著喔！

吳尚昆 著

三民書局

國家圖書館出版品預行編目資料

網路生活與法律／吳尚昆著.－－初版一刷.－－
臺北市：三民，2005
面；　公分.－－(生活法律漫談)

ISBN 957-14-4168-6　(平裝)

1. 資訊－法規論述 2. 網際網路－法規論述

312.9023　　93023879

© 網路生活與法律

著作人　吳尚昆
發行人　劉振強
著作財產權人　三民書局股份有限公司
臺北市復興北路386號
發行所　三民書局股份有限公司
地址／臺北市復興北路386號
電話／(02)25006600
郵撥／0009998-5
印刷所　三民書局股份有限公司
門市部　復北店／臺北市復興北路386號
重南店／臺北市重慶南路一段61號
初版一刷　2005年1月
編　號　S 585310
基本定價　肆元捌角
行政院新聞局登記證局版臺業字第〇二〇〇號

有著作權・不准侵害

ISBN　957-14-4168-6（平裝）

http：// www.sanmin.com.tw　三民網路書店

序言

從事律師這一行快十年了，這幾年也有機會在大學濫充教席，總覺得法律服務與民眾生活的關係密切，但是距離遙遠。常見許多當事人遇到法律糾紛時不願尋求適當而有效的資源與支援，讓自己深陷困境而不自知；也見過許多當事人與律師談話如同身處市場殺價，只在意收費是否低廉，而不顧實際問題能否順利解決；也有當事人對於廉價的法律意見不屑一顧，反而相信高價諮詢的珍貴。近來官方或民間的免費法律服務愈來愈多，從口頭諮詢法律意見到實際的法庭代理或辯護，這使得法律服務的價格愈來愈低，不過當事人所認定的法律服務價值似乎亦然——反正可以問到滿意為止。其實，法律問題的解釋與說明並不容易，法學研究是世俗的，因為法學是要解決現實的問題，而且法學必須回答的問題都是具體的，所以我們需要確實的瞭解社會脈動。

電腦網路與現代生活息息相關，而將傳統法律（如在十八世紀時所創制用來因應印刷術科技的著作權法）適用在電腦網路科技上，應如何調整，引來了持續而不斷的爭論，相關的法律爭議也層出不窮，在學術上及實務上都受到很大的重視。本書並不是專業法學研究，而希望能從生活中可能碰到的爭議或困惑出發，提供讀者網路生活中重要的法律資訊，妥善規劃與安排各種活動，本書希望能作為讀者保護相關權益的指南，並澄清一些不應被忽視的理念。本書共分五章，除第一章概論說明網路與法律的基本認識外，其餘四章就網路的隱私保護、與網路有關的犯罪、網路著作權及其他智慧財產權、網路交易與電子商務說明，每一章分為若干單元，撰寫方式均以「案例」、「解析」、「相關法規」呈現，每章的前幾個單元會簡單說明與該章主題有關的法律理念，再就各相關議題闡釋。

筆者有關網路法律的知識係受世新大學法學院院長鄭中人教授的啟蒙，鄭教授擇善固執、堅持理想，對學生亦不吝提攜，這本書也是在鄭教授的鼓勵下完成的。本書能夠完成，必須感謝三民書局同仁的細心與聰睿，三民書局素以出版高品質學術著作或教科書聞名，近來推出生活法律漫談叢書，提供民眾在日常生活中實用且有效的法律支持，筆者前有《公寓大廈是與非》蒙三民書局出版，本書能再次列為生活法律漫談叢書問世，深感榮幸。筆者也非常感謝世新大學黃玟瑋學棣花了很多心力協助蒐集及整理資料。筆者才疏學淺，如讀者發現本書內容有謬誤，尚祈不吝賜教指正；需要提醒讀者的是，本書所提供的資訊及意見僅供參考用，如讀者在現實生活中遇具體個案，務請尋求進一步專業諮詢。

吳　尚　昆

謹識於尚理律師事務所　2004/12/2

網路生活與法律

目次

第三章　與網路有關的犯罪

第四章　網路著作權及其他智慧財產權

第五章　網路交易與電子商務

第一章

概　論

一、網路生活與法律制度

案例

多位立法委員對網路發展所造成社會的失序現象憂心忡忡，表示應儘速對多項失序行為立法規範；同時政府對與網路相關產業抱持樂觀希望，擬制定完整法制推動網路產業發展，俾能增加經濟成就。我們應如何看待因網路生活所牽動的法制變化？

解析

網際網路的最初發展是學術性的、國際性的，除了技術背景外，網路幾乎是免費的，沒有人直接在網際網路上獲利；人們在網路傳播資訊，出發點幾乎都是為了有趣及分享，無論自己認為該資訊是否重要，分享本身就具有崇高的理想價值。或許我們可以說，網路最初發展的核心精神就是自由與分享，但強調自由，不表示網路是無秩序的，強調分享，不表示網路否定私有財產權制度。網路的興起，使人類社會對知識、資訊的複製、傳播，較之於印刷術、廣播、電視、電影等傳播媒介，衝擊與影響更大。衛道人士將網路視為洪水猛獸，認為網路發展將使社會傳統倫理結構崩潰，人際關係瓦解；不過，更多的人從網路中看到資訊取得的平等、迅速及廣泛，看到了新社會的希望，當然新希望也伴隨著許多困惑、爭執。無論對網路發展的好惡如何，不可否認的，現在多數人的生活都離不開網路，網路在跳脫學術領域，進入商業化後，更引發許多產業的重大變革，這些變革也使我們的生活有了重大改變。

法律制度未必跟得上科學技術的進步，而成為社會秩序的落後機制。常有人憂心社會的失序與法律制度不健全有關，我們也常常看到政府或輿論面對意外或災害的發生，很少看見執法是否妥當的檢討，反而很快且理所當然的歸罪於「法律規範不足」、「立法不周延」，然後緊接著就是鼓吹立法，好像認為立法是解決亂象的萬靈丹。其實法律制度的變遷對社會文化及經濟成就的影響向來受到學者的高度重視。經濟學者認為，制度永遠混雜著增加生產力與減少生產力的成分，而且制度變遷幾乎總是會同時伴隨此二種不同行為發生的機會；許多社會學家也提出警告，頻繁的變法除了建立秩序外，亦有可能破壞人們熟悉的秩序。如果我們希望法律制度被遵守，則其公正性與合理性須經得起時間與空間的檢驗，且其內容應該是清晰的、實用的，更應是為了全體國民而非個人私益所制訂的，從這個觀點出發，就未必要對網路發展施以嚴格的法律規範，而應仔細評估網路法制的特殊性，考量實際交易成本與社會影響程度，且就現實問題進行衡量，找出最好的解決方法。

其實法律面對社會的變化，本來就會有時間造成的自然落差，這不表示法律應固執僵化，或是應迅速應變，事實上人們對社會變化的包容與反省需要時間與空間；法律是一種不斷完善的實踐，很難想像去制訂一套完美無瑕可以永不更改的法律制度，而開放自由的社會，理性且充分的討論與創作環境，正可以提供法律制度成長與鞏固的空間及機會。我們不應坐視法制對社會變遷的無效率，但也確實沒有必要鼓吹立法萬能，對於網路發展所造成的社會變化，更不需急著視法律為仙丹靈藥。

相關法規

法諺：

法律著眼於頻頻發生之事件而制定，不應著眼於不能預測之事件而制定。

Law ought to be made with a view to those cases which happen most frequently, and not to those which are unexpected.（轉載自鄭玉波著，《法諺》，頁六～七。）

憲法

第22條

凡人民之其他自由及權利，不妨害社會秩序公共利益者，均受憲法之保障。

第23條

以上各條列舉之自由權利，除為防止妨礙他人自由、避免緊急危難、維持社會秩序，或增進公共利益所必要者外，不得以法律限制之。

二、網路法律問題概觀

案例

網路的發展迅速，連帶產生許多社會爭議，我國對於與網路相關的法律問題如何因應？有無制定一部「網路法」規範相關法律爭議？

解析

臺灣政府過去有「行政院國家資訊通信基本建設專案推動小組（簡稱NII小組）」、「行政院資訊發展推動小組（簡稱院資推小組）」及「行政院產業自動化及電子化推動小組（簡稱iAeB小組）」等三小組，推動資訊通信的發展。為提升整體性推動相關業務效率，二〇〇一年將三小組合併，並改稱為「行政院國家資訊通信發展推動小組」，英文名稱為“National Information and Communications Initiative Committee”（簡稱NICI小組），而「整備知識經濟發展所需資通相關法規環境」為該小組所揭示的推動目標之一。

財團法人資訊工業策進會擔任NII法制推動小組幕僚時，其於檢討研修國內相關法規時，曾揭示以下原則供參考：

一、法制的建立係為加速網際網路之建設，以促進網路普及應用與資訊流通為最終目標。

二、政府的介入或相關法規的調整為最後之手段，應優先讓市場機制與技術本身解決網路相關問題。

三、法規的調整以活絡網路應用、解決現有或可預見之將來法令明顯之障礙、確保競爭秩序、建立可遵循與可預測的法律秩序、保障網路上之使用者個人資料與隱私為主要範疇，並使政府相關措施符合依法行政規範，同時兼顧網路使用者利益之保障。

我國近年來對於網路發展的影響確實有多項法制變革，但是否均符合上開原則，我們可以再予觀察與思考。網路的運用產生了許多法律問題，學術界也漸漸形成所謂「網路法」(Cyber Law or Internet Law)的學問，探討與研究與網路相關的法律問題；請讀者留意的是，臺灣目前並沒有任何一部實定法稱為「網路法」，事實上，網路法的範圍非常廣泛，不但因網路本身技術所衍生的新興法律問題眾多，傳統法律中如民法、商法、刑法等，也因網路的發展而有新的變化，因此有人說：「所有的法律都是網路法。」

目前一般的看法，雖然網路技術有其特殊性質，但是想要單獨制定一套「網路法」，把所有與網路相關的法律問題全部納入，似乎是不可能的事情，因為現實世界所可能面對的法律問題，都有可能與網路有關，我們只能就網路所影響的各種社會現實面一一檢討，現在法律界認為比較重要，而且與我們日常生活息息相關的網路法律問題有：

一、網路交易的問題。電子商務的發展目前已經是重要的經濟趨勢，傳統上對於商業交易的法律規制有了重大變化，關注焦點在於如何確保交易安全，以及如何有效率的完成交易。

二、網路智慧財產權的問題。網路上的內容包羅萬象，而以網路技術為核心發展的數位產業，與工業時代發展初期所建立的智慧財產權法制屢有衝突，尤其是傳統以印刷術為管控發展的著作權法，面臨網路技術的發展，更是不斷的發生公共利益保護與私人產權保障的衝突。

三、網路隱私的問題。國人日益重視隱私權的保障，但隨著電腦科技與網路的發展，人們的隱私權受到侵犯的威脅卻愈來愈大，個人屬性資料成為企業者的資產，維護個人資料也成為企業者的重要責任。

四、網路犯罪問題。網路技術的特性在於便捷與迅速，使傳統犯罪的手法翻新，且部分不當行為明顯不利或阻礙網路發展，而使人民重要法益受到侵害，基於刑法「罪刑法定主義」的堅持，臺灣近年來刑法對於與電腦相關的犯罪，陸續有重要修正。

五、其他如管轄權、網路安全與管制、網路服務提供者(ISP)、消費者保護、稅收、紀錄與證據等問題，均值一併重視。

我國法律名稱冠以電腦或電子者僅有「電腦處理個人資料保護法」、「電子遊戲場業管理條例」、「電子簽章法」及「行政院主計處電子處理資料中心組織條例」，並沒有單獨一套可以規範所有與電腦或網路相關的法律，反而散佈在各個法律領域，或用修法，或用解釋，以解決實際問題。

第二章

網路的隱私保護

一、網路上的個人資料保護

案例

據媒體報導:「中央健保局因為電腦程式錯誤導致有九千多筆患有氣喘的病患個人資料外洩，事發後引起社會譁然，而健保局表示會負責到底。」另一社會事件:「離職員警改行當徵信業者，與另一員警勾搭，以該員警之職務上機會以本人或盜用同事的密碼，登入警政電腦連線系統，將知名藝人、立委、縣市議員等知名人士的出入境、前科、車籍等資料賣給該離職員警……。」目前個人資料受社會高度重視，何謂個人資料？又我國關於個人資料受何法律保護？

解析

或許我們曾為了免費的咖啡壺而在網路填寫問卷並留下個人資料，或為辦信用卡或手機而填寫個人資料給銀行或電信公司。在現代化的行銷觀念，客戶資料經過分析比較可成為重要財富，但在許多詐騙集團眼中，這些資料也可以幫他們詐財動輒數億元；許多人會有這些經驗：公司的電子郵件被老闆監視，手機無時無刻響起各種詐財簡訊的呼叫聲，家裡電話接到汽車經銷商推薦換車的宣傳，打開電腦收發E-Mail更是被大量垃圾郵件淹沒。資訊社會帶給我們許多便利，卻也幾乎喪失免於受干擾的自由，個人隱私空間已被壓縮到幾乎為零!

在理論上而言，完整的隱私權意義，包括消極被動不受干擾的權利，及對個人資料積極主動控制支配權。隱私權保護的客體包括：

1. 個人屬性的隱私權。如：姓名、肖像、聲音等。

2. 個人資料的隱私權。當個人屬性被抽離成文字的描述或記錄，其指明的客體為獨一且個人化。

3. 通訊內容的隱私權。

4. 匿名的隱私權。

上開第 2. 項所稱個人資料的隱私權，就是目前備受關切的個人資料保護範疇。OECD（經濟合作暨發展組織）曾就個人資料的國際流通及隱私權保護準則，提出關於國內實施的八大原則：

1. 限制收集原則：有關個人資料的收集，原則上應予限制，資料的收集應適法，且應以公正的手段為之，必要時並應通知資料主體或得其同意。

2. 資料正確原則：個人資料應依其利用目的，在必要範圍內，保持其正確、完整與最新的狀態。

3. 目的明確原則：收集的目的最遲應於收集時明確化，其後的利用亦不得牴觸最初目的。

4. 限制利用原則：個人資料不得利用於明確化目的以外之用。

5. 保護安全原則：應有合理的安全保護措施，以防止個人資料的遺失、不法接觸、破壞、修改或公開的危險。

6. 政策公開原則：有關個人資料的收集、自動機器化、運用及有關政策的制訂，應對一般大眾公開，資料管理人亦應明白公示於公眾。

7.個人參與原則：應通知資料主體，使其能確認自己有關資料之所在；對自己有關資料得提出異議，如認異議有理由，應將其資料消除、修正、補充或完整化。

8.管理責任原則：為使資料管理人實施前述各項原則的措施，應對之課予一定的責任。

臺灣於一九九五年八月十一日公布「電腦處理個人資料保護法」，是目前關於保護個人資料的法律，立法目的即在於「規範電腦處理個人資料，以避免人格權受侵害，並促進個人資料之合理利用」，其中對於個人資料的蒐集利用，均有相關規範。

電腦處理個人資料保護法第3條第1款規定：「個人資料：指自然人之姓名、出生年月日、身分證統一編號、特徵、指紋、婚姻、家庭、教育、職業、健康、病歷、財務情況、社會活動及其他足資識別該個人之資料。」值得注意的是，此種個人資料必須經過「電腦處理」，始成為法律保護的對象；而電腦處理係指「使用電腦或自動化機器為資料之輸入、儲存、編輯、更正、檢索、刪除、輸出、傳遞或其他處理」。換句話說，就現行法而言，不是用電腦處理的個人資料，並不受到電腦處理個人資料保護法的規範，譬如常見將學校畢業紀念冊販賣或借給補習班以招攬學生，依目前法律，因為該資料不是經過電腦處理（並非透過電腦在網路上搜尋或編輯到電腦裡），所以不受電腦處理個人資料保護法的保護，可說是無法可管，這當然很荒謬，不過此項立法缺失，現已經主管機關提出修正案（擴大保護範圍，不再以經電腦處理之個人資料為限，同時擴大規範來源，除為單純個人或家庭活動目的而蒐集、處理或利用個人資料外，皆須適用本法），尚待立法院審議通過。

相關法規

電腦處理個人資料保護法

第1條

為規範電腦處理個人資料，以避免人格權受侵害，並促進個人資料之合理利用，特制定本法。

第3條

本法用詞定義如左：

一　個人資料：指自然人之姓名、出生年月日、身分證統一編號、特徵、指紋、婚姻、家庭、教育、職業、健康、病歷、財務情況、社會活動及其他足資識別該個人之資料。

二　個人資料檔案：指基於特定目的儲存於電磁紀錄物或其他類似媒體之個人資料之集合。

三　電腦處理：指使用電腦或自動化機器為資料之輸入、儲存、編輯、更正、檢索、刪除、輸出、傳遞或其他處理。

電腦處理個人資料保護法施行細則

第2條

本法所定個人，指生存之特定或得特定之自然人。

第3條

本法第三條第二款所稱電磁紀錄物或其他類似媒體，指錄製、記載有電磁紀錄之有體物，包括磁碟、磁帶、光碟、磁泡紀錄體、磁鼓及其他材質而具有儲存電磁紀錄之能力者。

前項所稱電磁紀錄，指以電子、磁性或其他無法以人知覺直接認識之方式所製作之紀錄，而供電腦處理之用者。

第4條

本法第三條第二款所定個人資料檔案，包括備份檔案。

第5條

本法第三條第三款所稱自動化機器，指具有類似電腦功能，而能接受指令、程式或其他指示自動進行事件處理之機器。

二、蒐集或利用個人資料的公務機關與非公務機關

案例

王先生想利用網路上資源求職，進入著名人力資源網站，並填寫多項個人資料，該網站是否受電腦處理個人資料保護法規範？哪些機構屬於電腦處理個人資料保護法適用的範圍？

解析

電腦處理個人資料保護法允許特定主體在一定的範圍內，可以蒐集並合理使用個人資料，並區分為公務機關以及非公務機關。公務機關指「依法行使公權力之中央或地方機關」，一般民眾較能理解，而非公務機關依電腦處理個人資料保護法第3條第7款第1目至第3目定義為：「㈠徵信業及以蒐集或電腦處理個人資料為主要業務之團體或個人。㈡醫院、學校、電信業、金融業、證券業、保險業及大眾傳播業。㈢其他經法務部會同中央目的事業主管機

關指定之事業、團體或個人。」也就是說，除公務機關、徵信業、以蒐集或電腦處理個人資料為主要業務之團體或個人、醫院、學校、電信業、金融業、證券業、保險業、大眾傳播業及其他經法務部會同中央目的事業主管機關指定之事業、團體或個人（例如：法務部於八十六年指定期貨業、臺北市產物、人壽保險商業同業公會、九十年公告指定中華民國產物保險商業同業公會及中華民國人壽保險商業同業公會為電腦處理個人資料保護法第3條第7款第3目之非公務機關），受電腦處理個人資料保護法的規範，其餘行業類別利用電腦蒐集個人資料並非電腦處理個人資料保護法規範的範圍，僅有可能負擔其他民刑事責任，這樣的立法在現今幾乎所有企業機構均有可能以電腦蒐集或處理個人資料的情形，當然不合時宜，所以主管機關正研擬修法希望把行業別的限制取消。

為了達到規範管制的效果，電腦處理個人資料保護法對於非公務機關進行個人資料之蒐集、電腦處理或國際傳遞及利用採取事前許可制，在第19條規定「非公務機關未經目的事業主管機關依本法登記並發給執照者，不得為個人資料之蒐集、電腦處理或國際傳遞及利用」。而且「徵信業及以蒐集或電腦處理個人資料為主要業務之團體或個人，應經目的事業主管機關許可並經登記及發給執照」。非公務機關申請登記時還必須載明下列事項，且申請登記核准後，非公務機關應將登記所列之事項於政府公報公告並登載於當地新聞紙：

一　申請人之姓名、住、居所。如係法人或非法人團體，其名稱、主事務所、分事務所或營業所及其代表人或管理人之姓名、住、居所。

二　個人資料檔案名稱。

三　個人資料檔案保有之特定目的。

四　個人資料之類別。

五　個人資料之範圍。

六　個人資料檔案之保有期限。

七　個人資料之蒐集方法。

八　個人資料檔案之利用範圍。

九　國際傳遞個人資料之直接收受者。

一〇　個人資料檔案維護負責人之姓名。

一一　個人資料檔案安全維護計畫。

前面提到電腦處理個人資料保護法第3條第7款第1目「以蒐集或電腦處理個人資料為主要業務之團體或個人」，係指營利事業以外之團體或個人而以蒐集或電腦處理個人資料為其「主要業務」者而言，如果該團體或個人非以蒐集或電腦處理個人資料為主要業務，而係於從事其他業務時，附隨或伴隨地從事蒐集或電腦處理個人資料，則依目前主管機關見解，並非以蒐集或電腦處理個人資料為主要業務之團體或個人。就本件案例而言，如果人力資源網站主要係經營提供人力資源服務，係屬營利事業，且非以蒐集或電腦處理個人資料為主要業務，則非屬電腦處理個人資料保護法第3條第7款第1目及第2目所列之徵信業等行業，就不是電腦處理個人資料保護法所規範的範圍，也不需依前開規定申請登記。

電腦處理個人資料保護法

適用主體	公務機關	非公務機關
定義	第3條第6項： 指依法行使公權力之中央或地方機關。	第3條第7項： 指公務機關以外之徵信業及以蒐集或電腦處理個人資料為主要業務之團體或個人、醫院、學校、電信業、金融業、證券業、保險業及大眾傳播業。其他經法務部會同中央目的事業主管機關指定之事業、團體或個人。
蒐集個人資料之原則	第7條： 公務機關對個人資料之蒐集或電腦處理，非有特定目的，並符合左列情形之一者，不得為之： 一　於法令規定職掌必要範圍內者。 二　經當事人書面同意者。 三　對當事人權益無侵害之虞者。	第18條： 非公務機關對個人資料之蒐集或電腦處理，非有特定目的，並符合左列情形之一者，不得為之： 一　經當事人書面同意者。 二　與當事人有契約或類似契約之關係而對當事人權益無侵害之虞者。 三　已公開之資料且無害於當事人之重大利益者。 四　為學術研究而有必要且無害於當事人之重大利益者。 五　依本法第三條第七款第二目有關之法規及其他法律有特別規定者。
非公務機關需經登記		第19條： 非公務機關未經目的事業主管機關依本法登記並發給執照者，不得為個人資料之蒐集、電腦處理或國際傳遞及利用。 徵信業及以蒐集或電腦處理個人資料為主要業務之團體或個人，應經目的事業主管機關許可並經登記及發給執照。

		前二項之登記程序、許可要件及收費標準，由中央目的事業主管機關定之。
特定目的外之利用	第8條： 公務機關對個人資料之利用，應於法令職掌必要範圍內為之，並與蒐集之特定目的相符。但有左列情形之一者，得為特定目的外之利用： 一　法令明文規定者。 二　有正當理由而僅供內部使用者。 三　為維護國家安全者。 四　為增進公共利益者。 五　為免除當事人之生命、身體、自由或財產上之急迫危險者。 六　為防止他人權益之重大危害而有必要者。 七　為學術研究而有必要且無害於當事人之重大利益者。 八　有利於當事人權益者。 九　當事人書面同意者。	第23條： 非公務機關對個人資料之利用，應於蒐集之特定目的必要範圍內為之。但有左列情形之一者，得為特定目的外之利用： 一　為增進公共利益者。 二　為免除當事人之生命、身體、自由或財產上之急迫危險者。 三　為防止他人權益之重大危害而有必要者。 四　當事人書面同意者。
違反之罰則	第33條： 意圖營利違反第七條、第八條、第十八條、第十九條第一項、第二項、第二十三條之規定或依第二十四條所發布之限制命令，致生損害於他人者，處二年以下有期徒刑、拘役或科或併科新臺幣四萬元以下罰金。	第33條： 意圖營利違反第七條、第八條、第十八條、第十九條第一項、第二項、第二十三條之規定或依第二十四條所發布之限制命令，致生損害於他人者，處二年以下有期徒刑、拘役或科或併科新臺幣四萬元以下罰金。
當事人之救濟	第27條： 公務機關違反本法規定，致當事人權益受損害者，應負損害賠償責任。但損害因天災、事變或其他不可抗力所致者，不在此限。	第28條： 非公務機關違反本法規定，致當事人權益受損害者，應負損害賠償責任。但能證明其無故意或過失者，不在此限。

	被害人雖非財產上之損害，亦得請求賠償相當之金額；其名譽被侵害者，並得請求為回復名譽之適當處分。 前二項損害賠償總額，以每人每一事件新臺幣二萬元以上十萬元以下計算。但能證明其所受之損害額高於該金額者，不在此限。	依前項規定請求賠償者，適用前條第二項至第五項之規定。

相關法規

電腦處理個人資料保護法施行細則

第7條

本法第三條第七款第三目所稱事業、團體或個人，指其以電腦處理大量之個人資料，足以影響當事人之權益，而有規範之必要者。

三、電腦處理個人資料保護法所規範個人隱私資料的範圍

案例

有某電子地圖服務網站業者與房屋仲介業者合作，提供查詢地圖可觀看建物外觀相片服務；又臺北市政府規劃建置之「臺北市不動產交易資訊流通服務系統」，如供民眾、民間業者、政府相關單位使用，是否侵犯個人隱私權及違反電腦處理個人資料保護法之相關規定？

解析

電腦處理個人資料保護法所規範保護的個人資料，在第3條第1款規定「係指自然人之姓名、出生年月日、身分證統一編號、特徵、指紋、婚姻、家庭、教育、職業、健康、病歷、財務情況、社會活動及其他足資識別該個人之資料」；當事人，依第3條第8款則係指「個人資料之本人」，本法第3條第1款、第8款分別定有明文。條文具體指出「自然人之姓名、出生年月日、身分證統一編號、特徵、指紋、婚姻、家庭、教育、職業、健康、病歷、財務情況、社會活動」，這是立法技術中的例示規定，並不表示只有這些資料才是法律要保護的資料，如果個人資料是屬於「足資識別該個人之資料」，則也屬於電腦處理個人資料保護法所規範保護的個人資料，例如：以電腦處理的股東資料、員工人事資料、員工薪資所得資料等，都足以識別該個人，均為電腦處理個人資料保護法所規範的範圍，讀者要注意的是，電腦處理個人資料保護法所規範保護的個人資料不是指不能蒐集利用該資料，而是蒐集利用時，必須符合電腦處理個人資料保護法的規定；電腦處理個人資料保護法所規範保護的個人資料，也不是指個人的隱私資料僅限於該法所規定的範圍，如果個人認為隱私權受侵害，而該隱私資料未受電腦處理個人資料保護法的規範，仍有可能依民法侵權行為相關規定請求救濟。

網路利用的日趨廣泛，使得個人資料的定義愈來愈受爭議，法務部及內政部曾經針對政府建制不動產交易資訊流通服務系統做過函釋，認為「有關建物之門牌、基地坐落、格局、外觀、交易價格等資料，如其並未與自然人之姓名等相結合，尚不足識別該個人者，則該資料即非本法所稱之個人資料，從而無本法之適用」。也就是說，如果只是與建物本身相關的單純資訊，並未揭露個人的姓名，也不會從建物資訊識別出屋主或居住人等個人資料，就不會有違反電腦處理個人資料保護法的問題；相反的，如果網站公布出建物相片，而相片中也有屋主的相關資訊，依照主管機關的看法，該資料足以識別該個人，就應該受到電腦處理個人資料保護法的規範。

此外關於個人的電子郵件位址、網站上的個人帳號(User-name)及密碼(Password)、網路協定位址(IP address)、網域名稱(Domain name)等是否屬於網路上個人資料的範圍，還有爭議，未來修法時也許會一併列入考量。網站業者在進行相關業務開發時，多以經營效率為主要考量，對於有意無意蒐集利用個人資料時，宜特別注意法律規範，就何種個人資料受到電腦處理個人資料保護法的規範，應以該個人資料是否屬於「足資識別該個人之資料」為判斷標準。

電腦處理個人資料保護法

第3條

本法用詞定義如左：

一　個人資料：指自然人之姓名、出生年月日、身分證統一編號、特徵、指紋、婚姻、家庭、教育、職業、健康、病歷、財務情況、社會活動及其他足資識別該個人之資料。

民法

第18條

人格權受侵害時，得請求法院除去其侵害；有受侵害之虞時，得請求防止之。

前項情形，以法律有特別規定者為限，得請求損害賠償或慰撫金。

四、公務機關與非公務機關對於個人資料的蒐集、使用與保存

案例

根據報導，警方日前於一處民宅中破獲刮刮樂詐騙集團，以郵寄之方式通知被害人中獎，以詐騙被害人，警方在犯罪證物中發現大約有五百萬筆被害人個人資料，竟係由某一電信公司工程師以每筆0.5至2元販賣給這些詐騙集團，以謀取暴利；又據調查，國內多家金融機構與電信業者的客戶資料大量流出至詐騙集團，不但有業者員工涉案，甚至有政府公務員涉入。依照電腦處理個人資料保護法的規定，究竟公務機關與非公務機關應如何處理個人資料的蒐集、使用與保存？

解析

無論是公務機關或非公務機關在蒐集或利用個人資料時，都不可以任意而為，電腦處理個人資料保護法第6條特別揭示個人資料之蒐集或利用，「應尊重當事人之權益，依誠實及信用方法為之，不得逾越特定目的之必要範圍」，這可以說是關於個人資料之蒐集或利用的立法、行政或司法都應遵循的最高指導原則。

公務機關對個人資料之蒐集或電腦處理，依電腦處理個人資料保護法第7條規定，必須符合特定施政目的，且如不符合下列情形之一者，不得為之：一、於法令規定職掌必要範圍內者。二、經當事人書面同意者。三、對當事人權益無侵害之虞者。而且依第8條規定，公務機關對個人資料之利用，應於法令職掌必要範圍內為之，並與蒐集之特定目的相符。但是有下列情形之一者，公務機關得為特定目的外之利用：一、法令明文規定者。二、有正當理由而僅供內部使用者。三、為維護國家安全者。四、為增進公共利益者。五、為免除當事人之生命、身體、自由或財產上之急迫危險者。六、為防止他人權益之重大危害而有必要者。七、為學術研究而有必要且無害於當事人之重大利益者。八、有利於當事人權益者。九、當事人書面同意者。例如：法務部就認為警政署建立役男指紋資料庫，其目的係為治安維護、犯罪偵查及保障民眾權益，符合前開「為增進公眾利益者」或「為防止他人權益之重大危害而有必要者」等情形，而屬合法。又如臺北縣政府曾將土地登記專業代理人之姓名、事務所地址、電話、各地政事務所之登記及測量案件補正駁回率等資料提供民眾電話及網路查詢，也被認為與前開「為增進公共利益者」或「為防止他人權益之重大危害而有必要者」之規定並無違背。

又依電腦處理個人資料保護法第17條規定，公務機關保有個人資料檔案者，應指定專人依相關法令辦理安全維護事項，防止個人資料被竊取、竄改、毀損、滅失或洩漏。而且依第13條規定，公務機關應維護個人資料之正確，並應依職權或當事人之請求適時更正或補充之。個人資料正確性有爭議者，公務機關應依職權或當事人之請求停止電腦處理及利用。但因執行職務所必需並註明其爭議或經當事人書面同意者，不在此限。當個人資料電腦處理之特定目的消失或期限屆滿時，公務機關應依職權或當事人之請求，刪除或停止電腦處理及利用該資料。但因執行職務所必需或經依法變更目的或經當事人書面同意者，不在此限。

個人資料對非公務機關尤其是營利機構而言，是一項非常重要的資產，同時法律也賦予重要責任。非公務機關未經目的事業主管機關依電腦處理個人資料保護法登記並發給執照者，不得為個人資料之蒐集、電腦處理或國際傳遞及利用。徵信業及以蒐集或電腦處理個人資料為主要業務之團體或個人，應經目的事業主管機關許可並經登記及發給執照。

關於非公務機關對個人資料之蒐集或電腦處理，電腦處理個人資料保護法第18條規定，非有特定目的，並符合下列情形之一者，不得為之：一、經當事人書面同意者。二、與當事人有契約或類似契約之關係而對當事人權益無侵害之虞者。三、已公開之資料且無害於當事人之重大利益者。四、為學術研究而有必要且無害於當事人之重大利益者。五、依本法第3條第7款第2目有關之法規及其他法律有特別規定者。依第23條規定，非公務機關對個人資料之利用，應於蒐集之特定目的必要範圍內為之。但有下列情形之一者，得為特定目的外之利用：一、為增進公共利益者。二、為免除當事人之生命、身體、自由或財產上之急迫危險者。三、為防止他人權益之重大危害而有必要者。四、當事人書面同意者。例如：銀行提供放款餘額資料予財團法人聯合徵信中心並與同業交換徵信資料，如屬其蒐集之特定目的（授信業務管理）必要範圍內，是屬於合法的。現今各金融機構各式貸款契約也都有這樣的必備條款：「甲方同意乙方得將甲方與乙方往來之資料提供予財團法人金融聯合徵信中心，惟乙方提供給財團法人金融聯合徵信中心之甲、乙方往來資料有錯誤時，乙方應主動更正並回復原狀。乙方僅得於履行契約之目的範圍內，使用甲方提供之各項基本資料。乙方以電腦處理前項個人基本資料，應依『電腦處理個人資料保護法』相關規定辦理。」

金融控股公司旗下之信用卡發卡銀行之客戶個人資料與其旗下之其他子公司之客戶個人資料，兩者是否可以互相流用，曾有爭議。金控公司旗下業務包括銀行業務、保險業務、創投業務、證券業務等等，若允許客戶資料的互相流用，則金融控股公司集團就可以擁有龐大數量的個人資料，社會大眾難免會有個人資料受濫用的疑慮。根據財政部九十一年訂定的「金融控股公司及其子公司自律規範」，各業共同使用客戶資料，應依電腦處理個人資料保護法及金融控股公司及其子公司自律規範之相關規定辦理，除基本資料（包括姓名、出生年月日、身分證統一編號、電話及地址等資料）外，其餘帳務資料、信用資料、投資資料或保險資料等於揭露、轉介或交互運用時，應經客戶簽訂契約或書面明示同意後方可使用。也就是說，金控公司為了行銷和業務推廣需要，子公司間交叉使用彼此客戶的基本資料或信用資料，必須取得客戶的書面同意。不過，電腦處理個人資料保護法施行細則第30條對於「當事人書面同意」，並未做嚴格要求，而賦予業者較大的彈性，依該條文規定，如依書面之記載，足認當事人已有同意之表示者，即算是「當事人書面同意」。而且，非公務機關基於特定目的，為取得當事人書面同意，於初次洽詢時，檢附為特定目的蒐集、電腦處理或利用之相關資料，連同得於所定相當期間表示反對意思之書面，經本人或其法定代理人收受，而未於所定期間內為反對之意思表示者，推定其已有同意之表示。

又如同前開公務機關的規定，非公務機關保有個人資料檔案者，也應指定專人依相關法令辦理安全維護事項，防止個人資料被竊取、竄改、毀損、滅失或洩漏。而且應維護個人資料之正確，並應依職權或當事人之請求適時更正或補充之。個人資料正確性有爭議者，應依職權或當事人之請求停止電腦處理及利用。但因執行職務所必需並註明其爭議或經當事人書面同意者，不在此限。當個人資料電腦處理之特定目的消失或期限屆滿時，應依職權或當事人之請求，刪除或停止電腦處理及利用該資料。但因執行職務所必需或經依法變更目的或經當事人書面同意者，不在此限。

非公務機關對於客戶個人資料的保護，千萬不能流於口號或形式，因為一旦有違法情事，必將對客戶權益帶來嚴重損害，且將致自身企業形象受損，更須負擔相關法律責任。較妥當的做法是與經營實務層面緊密結合，員工僱傭契約及業務保密協定內均應做具體規範，並時時檢查，儘早發現可能弊端，適時因應。

相關法規

電腦處理個人資料保護法

第6條

個人資料之蒐集或利用，應尊重當事人之權益，依誠實及信用方法為之，不得逾越特定目的之必要範圍。

電腦處理個人資料保護法施行細則

第23條

本法第十三條第一項所稱正確，指個人資料於特定目的之利用範圍內，應力求其確實、完整及從新。所稱適時，指公務機關應儘速更正或補充。

本法第十三條第二項及第三項所稱執行職務，指公務機關依法令執行公務，或非公務機關經營其所營事業或依其設立目的所從事之行為。

本法第十三條第三項所稱特定目的消失，指左列各款情形之一：

一 公務機關經裁撤或改組者。

二 非公務機關停業、歇業、解散或所營事業營業項目變更者。

三 特定目的已達成而無繼續使用之必要者。

四 其他事由足認該特定目的已無法達成者。

第24條

公務機關依本法第十三條規定為更正、補充、刪除或停止電腦處理、利用該資料時，應通知其所知悉已收受該個人資料之機關、團體或個人。

前項所稱個人資料，包括經由電腦列印之報表或其他可供紀錄之物品。但本法或其他法律另有規定者，依其規定。

第25條

當事人依本法第十三條第一項規定向公務機關請求更正或補充其個人資料

時，應提出足資釋明之證據。

五、民眾得請求蒐集個人資料機關事項

案例

王先生因為求職需要，向警察局請求提供其個人刑事及社會秩序維護案件紀錄資料，警察機關得否拒絕？又王先生查閱資料後發現該資料記載錯誤，王先生可以做何種主張？

解析

本書前面曾提到，OECD（經濟合作暨發展組織）曾就個人資料的國際流通及隱私權保護準則提出八大原則，其中有一項「個人參與原則」，要求蒐集機關應使資料主體，能確認其自己有關資料之所在，並對與自己有關資料提出異議，如認異議有理由，即應將其資料消除、修正、補充或完整化。

當事人依電腦處理個人資料保護法相關規定得行使下列權利：一、查詢及請求閱覽。二、請求製給複製本。三、請求補充或更正。四、請求停止電腦處理及利用。五、請求刪除。這些當事人得行使的權利就是「個人參與原則」的具體表現，而且依電腦處理個人資料保護法第4條的規定，這些權利不得預先拋棄或以特約限制。也就是說，如果機關與當事人事先或事後約定不得閱

覽查詢或更正刪除，是屬於違反法律的強制或禁止規定，不發生法律上的效果，當事人仍得依法行使閱覽查詢或更正刪除等權利。

依照電腦處理個人資料保護法第12條及第26條的規定，無論是公務機關或非公務機關，原則上均應依當事人之請求，就其保有之個人資料檔案，答覆查詢、提供閱覽或製給複製本。但有下列情形之一者，公務機關或非公務機關在具體認定個案事實後，可以限制或禁止：一、關於國家安全、外交及軍事機密、整體經濟利益或其他國家重大利益者。二、關於司法院大法官審理案件、公務員懲戒委員會審議懲戒案件及法院調、審理、裁判、執行或處理非訟事件業務事項者。三、關於犯罪預防、刑事偵查、執行、矯正或保護處分或更生保護事務者。四、關於行政罰及其強制執行事務者。五、關於入出境管理、安全檢查或難民查證事務者。六、關於稅捐稽徵事務者。七、關於公務機關之人事、勤務、薪給、衛生、福利或其相關事項者。八、專供試驗性電腦處理者。九、將於公報公告前刪除者。十、為公務上之連繫，僅記錄當事人之姓名、住所、金錢與物品往來等必要事項者。十一、公務機關之人員專為執行個人職務，於機關內部使用而單獨作成者。十二、其他法律特別規定者。十三、有妨害公務執行之虞者。十四、有妨害第三人之重大利益之虞者。

一般警察局所保存當事人個人之刑事及社會秩序維護案件紀錄資料，其性質與電腦處理個人資料保護法第11條所列各款情形不符，且該個人資料之提供，對於犯罪之預防、追訴、執行、矯正等，似無妨害，所以法務部認為，除有妨害公務執行之虞之情形，並無理由拒絕當事人請求提供。

不過有時候某一個別資料涉及多數個人之關於家庭、職業或社會活動等雙重或多重關係時，則該多數關係人均為當事人。例如電話用戶向電信業者請求提供之受信通信紀錄，就一般通聯紀錄觀察之，其上記載有發話號碼、受話號碼、通話種類、通話區域、通話日期、時間等項目，這些都是屬於有關發信人與受信人之社會活動之資料，應為發信人與受信人所共享之個人資料，則如發信人申請提供通信紀錄時，電信業者就必須針對具體個案考量是否有「妨害第三人之重大利益之虞」的情形來決定是否得提供，國內多數電信業者原先幾乎都不提供當事人申請自己受話的通聯紀錄，頗受非議；立法院於九十三年一月七日三讀通過電信法修正案，消費者於支付必要費用後，不必報警也可查詢騷擾電話來源，電信事業不得再拒絕提供消費者查詢本人的通信紀錄。

前面說過的OECD（經濟合作暨發展組織）曾就個人資料的國際流通及隱私權保護準則提出八大原則中另有一「資料正確原則」，即要求公務機關與非公務機關對於個人資料，應就其利用目的，在必要範圍內，保持其正確、完整與最新的狀態。而電腦處理個人資料保護法亦在第13條及第26條規定，公務機關與非公務機關都有義務維護個人資料之正確，當事人得請求適時更正或補充，就算當事人沒有請求，機關也應依職權為之；當事人如認個人資料正確性有爭議，機關除因執行職務所必需並註明其爭議或經當事人書面同意外，應該依職權或當事人之請求停止電腦處理及利用。

前開當事人依電腦處理個人資料保護法的規定為相關的請求時，公務機關必須在三十日內處理，如未能於該期間內處理者，應將其原因以書面通知請求人。而當事人向非公務機關依電腦處理個人資料保護法相關行使「一、查詢及請求閱覽。二、請求製給複製本。三、請求補充或更正。四、請求停止電腦處理及利用。五、請求刪除。」等權利而被拒絕者，當事人得依電腦處理個人資料保護法第32條的規定，於拒絕後或期限屆滿後二十日內，以書面向其目的事業主管機關請求為適當之處理。目的事業主管機關應於收受請求後二個月內，將處理結果以書面通知請求人。認其請求有理由者，並應限期命該非公務機關改正之，並且可依電腦處理個人資料保護法第39條的規定，按次處負責人新臺幣一萬元以上五萬元以下罰鍰。

相關法規

民法

第71條

法律行為，違反強制或禁止之規定者，無效。但其規定並不以之為無效者，不在此限。

電腦處理個人資料保護法

第4條

當事人就其個人資料依本法規定行使之左列權利，不得預先拋棄或以特約限制之：

一　查詢及請求閱覽。

二　請求製給複製本。

三　請求補充或更正。
四　請求停止電腦處理及利用。
五　請求刪除。
第16條
查詢或請求閱覽個人資料或製給複製本者，公務機關得酌收費用。
前項費用數額由各機關定之。
第26條
第十二條、第十三條、第十五條、第十六條第一項及第十七條之規定，於非公務機關準用之。
非公務機關準用第十六條第一項規定酌收費用之標準，由中央目的事業主管機關定之。

六、個人資料受侵犯的法律救濟

案例

近來民眾個人資料因金融機構或電話公司保管不當或內部控管疏失而外洩，屢被推銷員或詐騙集團利用，政府亦宣示將對民眾損失補償。如個人資料受不當侵害，依電腦處理個人資料保護法，有如何的救濟方式？

解析

法諺有云：「無救濟上的權利，等於無權利。」如果法律僅對個人資料保護宣示應如何重視，卻忽視救濟方式或是救濟不足，即僅是虛應故事。前已說明，無論公務機關或非公務機關，對於個人資料的蒐集及電腦處理，都有一定的規範，這些立法的目的都在於保護民眾個人的隱私資料，如有違反，即非常可能造成民眾的損害，因此電腦處理個人資料保護法對於公務機關或非公務機關的違法行為，均設有當事人得求償的規定。

依電腦處理個人資料保護法第27條的規定，如公務機關違反本法規定，致當事人權益受損害者，應負損害賠償責任。但損害因天災、事變或其他不可抗力所致者，不在此限。被害人雖非財產上之損害，亦得請求賠償相當之金額；其名譽被侵害者，並得請求為回復名譽之適當處分。前二項損害賠償總額，以每人每一事件新臺幣二萬元以上十萬元以下計算。但能證明其所受之損害額高於該金額者，不在此限。民眾在向公務機關求償時應注意，必須循國家賠償程序進行，依國家賠償法第10條及第11條，應先以書面向賠償義務機關請求之，賠償義務機關對於前項請求，應即與請求權人協議。協議成立時，應作成協議書，該項協議書得為執行名義。如賠償義務機關拒絕賠償，或自提出請求之日起逾三十日不開始協議，或自開始協議之日起逾六十日協議不成立時，請求權人才可以提起損害賠償之訴。

公務機關處理個人資料不當的例子，曾有警察機構受託查覆當事人有無刑案資料，而該警察單位所屬公務員查覆時，未注意前案結果究竟為有罪判決抑或為無罪判決、不起訴處分，逕告知查詢單位當事人有刑事前科資料，法院認為這使得受告知者有誤以為當事人曾為犯行之危險，係因過失不法侵害當事人名譽權，當事人可請求賠償。另關於納稅義務人上網申報之所得資料或稅務資料遭駭客入侵，造成資料洩漏情事時，納稅義務人應如何申請救濟，法務部函釋認為，倘保有納稅義務人個人資料檔案之稽徵機關已依法指定專人依相關法令辦理安全維護事項，則應不負損害賠償責任；惟如稽徵機關未依該法規定辦理安全維護事項，致當事人權益受損害時，納稅義務人得依前揭規定請求損害賠償。

依電腦處理個人資料保護法第28條的規定，非公務機關違反本法規定，致當事人權益受損害者，應負損害賠償責任。但能證明其無故意或過失者，不在此限。被害人雖非財產上之損害，亦得請求賠償相當之金額；其名譽被侵害者，並得請求為回復名譽之適當處分。前二項損害賠償總額，以每人每一事件新臺幣二萬元以上十萬元以下計算。但能證明其所受之損害額高於該金額者，不在此限。民眾在向非公務機關求償時應注意，必須循民事訴訟程序主張權利，本來一般民事訴訟關於侵權行為，受害人必須證明加害人確有故意過失、自己確有損害以及侵權行為與損害間有因果關係，但在非公務機關違反電腦處理個人資料保護法致當事人權益受損害的情形，受害人不需證明非公務機關有故意過失，而必須由非公務機關來證明自己無故意過失，非公務機關始能免責。

一般民眾對於非公務機關是否違反電腦處理個人資料保護法的相關規定，不易察覺，除行使查詢、閱覽等權利外，個人很難證明非公務機關是否將個人資料外洩，民眾似可請求主管機關依電腦處理個人資料保護法第25條的規定進行檢查並為必要的扣押，且主管機關也應督促或強制非公務機關通知個人資料遭不當使用的被害人，以貫徹保護人民隱私的立法宗旨。

電腦處理個人資料保護法

第29條

損害賠償請求權，自請求權人知有損害及賠償義務人時起，因二年間不行使而消滅；自損害發生時起，逾五年者，亦同。

第30條

損害賠償，除依本法規定外，公務機關適用國家賠償法之規定，非公務機關適用民法之規定。

國家賠償法

第2條

本法所稱公務員者，謂依法令從事於公務之人員。

公務員於執行職務行使公權力時，因故意或過失不法侵害人民自由或權利者，國家應負損害賠償責任。公務員怠於執行職務，致人民自由或權利遭受損害者亦同。

前項情形，公務員有故意或重大過失時，賠償義務機關對之有求償權。

民事訴訟法

第277條

當事人主張有利於己之事實者，就其事實有舉證之責任。但法律別有規定或依其情形顯失公平者，不在此限。

七、非法蒐集利用個人資料者的刑事責任

案例

某徵信業者，私自架設錄音設備，竊聽他人家庭及社會活動等個人資料，又與稅務機關公務員勾串，洩漏當事人稅捐財產資料，這些非法蒐集利用個人資料者，有何刑事法律責任？

解析

國家對於侵害法益嚴重的情形視為犯罪，對於犯罪者科予刑事處罰，或剝奪其自由（有時則為生命），或命其支付一定金錢，目的在於使犯罪人感到痛苦而不致再犯罪，或使理性的一般人考量其犯罪成本（喪失自由或金錢）後，不願或不敢犯罪。個人隱私資料，是個人賴以維持尊嚴、發展自我的重要元素，屬於個人的重要法益，電腦處理個人資料保護法在立法時，也針對非法蒐集利用個人資料者科予刑罰，希望能遏阻不法侵害隱私情事發生。

依電腦處理個人資料保護法第33條規定，意圖營利，而對公務機關或非公務機關不符合特定目的蒐集或以電腦處理個人資料（即指違反第7條、第8條、第18條、第19條第1項、第2項、第23條之規定或依第24條所發布之限制命令），致生損害於他人者，處二年以下有期徒刑、拘役或科或併科新臺幣四萬元以下罰金。第34條規定，意圖為自己或第三人不法之利益或損害他人之利益，而對於個人資料檔案為非法輸出、干擾、變更、刪除或以其他非法方法妨害個人資料檔案之正確，致生損害於他人者，處三年以下有期徒刑、拘役或科新臺幣五萬元以下罰金。如公務員假借職務上之權力、機會或方法，犯前二條之罪者，依第35條的規定，應加重其刑至二分之一。不過應注意的是，前開電腦處理個人資料保護法所規定的刑事犯罪，需告訴乃論，即須有犯罪被害人在知悉犯人時起，於六個月內向檢察官提出告訴，而且告訴乃論之罪，告訴人得在第一審言詞辯論終結前撤回告訴。

社會上常見不肖徵信業者宣傳「外遇錄音、尋人、查址」，未經當事人同意，即無故侵入住宅私自架設錄音設備，竊聽他人家庭及社會活動等個人資料，以往法院見解認為這是違反電腦處理個人資料保護法第18條第1款、第2款非公務機關對個人資料之蒐集，非有特定目的，並經當事人書面同意、與當事人有契約或類似契約之關係而對當事人權益無侵害之虞，不得為之之規定，係犯電腦處理個人資料保護法第33條及刑法第306條第1項之侵入住宅罪，並認二者有牽連關係，從一重即電腦處理個人資料保護法第33條處斷，可處二年以下有期徒刑、拘役或科或併科新臺幣四萬元以下罰金。

刑法更於八十八年四月二十一日增訂第315-1條，對於無故窺視、竊聽或以錄音、照相、錄影等方式竊錄他人非公開之活動、言論或談話者予以處罰，及第315-2條規定，對於一、意圖營利供給場所、工具或設備，便利他人非法蒐集個人資料者；二、意圖散布、播送、販賣而無故以錄音、照相、錄影或電磁紀錄竊錄他人非公開之活動、言論或談話者；三、明知為非法蒐集的竊錄之內容而製造、散布，播送或販賣者，予以處罰。此處要注意的是第315-1條之罪也是屬於告訴乃論之罪，第315-2條之罪乃是非告訴乃論之罪，無論受害人是否提出告訴，均應對犯罪人訴追其刑事責任。近年來頻傳百貨公司試衣間、廁所等公共場所，不法分子在裡面裝設針孔偷拍女性身體隱私，甚至將偷拍內容錄製光碟販售；前開刑法對偷拍行為的處罰只限於非公開之活動、言論，可能面臨無法可罰的窘況，立法院於九十三年一月七日三讀通過刑法修正案，增訂未經他人同意而偷拍他人身體隱私部位，可處三年以下有期徒刑；散布、販賣他人身體隱私偷拍內容，可處五年以下徒刑，期能遏阻公共場所偷拍歪風。新法並刪除前開「明知」竊錄而製造、散布的嚴格規定，避免散布者藉口是他人郵寄所獲，不知為竊錄而公然違法，以杜絕各種不當偷拍、偷錄行為，確保個人隱私。

目前因公務機關或非公務機關的從業人員非法利用個人資料的情形非常嚴重，多數認為現行電腦處理個人資料保護法的刑罰僅為有期徒刑二年或三年，而許多犯罪人又受到緩刑宣告，可能無法對非法犯行發揮嚇阻效果，主管機關也研議修法，希望提高法定刑度至五年有期徒刑。不過本書認為「亂世用重典」的想法，並不是對所有的事都行得通，尤其是在高科技的環境下，如果不考量技術的核心與控管手段的成本效益，僅一廂情願的認為加重刑罰就不會發生犯罪，未必能收成效。

電腦處理個人資料保護法

第33條

意圖營利違反第七條、第八條、第十八條、第十九條第一項、第二項、第二十三條之規定或依第二十四條所發布之限制命令，致生損害於他人者，處二年以下有期徒刑、拘役或科或併科新臺幣四萬元以下罰金。

第34條

意圖為自己或第三人不法之利益或損害他人之利益，而對於個人資料檔案為非法輸出、干擾、變更、刪除或以其他非法方法妨害個人資料檔案之正確，致生損害於他人者，處三年以下有期徒刑、拘役或科新臺幣五萬元以下罰金。

第35條

公務員假借職務上之權力、機會或方法，犯前二條之罪者，加重其刑至二分之一。

第36條

本章之罪，須告訴乃論。

第37條

犯本章之罪，其他法律有較重處罰規定者，從其規定。

刑法

第315條

無故開拆或隱匿他人之封緘信函、文書或圖畫者，處拘役或三千元以下罰金。無故以開拆以外之方法，窺視其內容者，亦同。

第315-1條

有左列行為之一者，處三年以下有期徒刑、拘役或三萬元以下罰金：

一　無故利用工具或設備窺視、竊聽他人非公開之活動、言論或談話者。

二　無故以錄音、照相、錄影或電磁紀錄竊錄他人非公開之活動、言論或談話者。

第315-2條

意圖營利供給場所、工具或設備，便利他人為前條之行為者，處五年以下有期徒刑、拘役或科或併科五萬元以下罰金。

意圖散布、播送、販賣而有前條第二款之行為者，亦同。

明知為前二項或前條第二款竊錄之內容而製造、散布，播送或販賣者，依第一項之規定處斷。

前三項之未遂犯罰之。

第315-3條

前二條竊錄內容之附著物及物品，不問屬於犯人與否，沒收之。

第316條

醫師、藥師、藥商、助產士、宗教師、律師、辯護人、公證人、會計師或其業務上佐理人，或曾任此等職務之人，無故洩漏因業務知悉或持有之他人秘密者，處一年以下有期徒刑、拘役或五百元以下罰金。

第317條

依法令或契約有守因業務知悉或持有工商秘密之義務，而無故洩漏之者，處一年以下有期徒刑、拘役或一千元以下罰金。

第318條

公務員或曾任公務員之人，無故洩漏因職務知悉或持有他人之工商秘密者，處二年以下有期徒刑、拘役或二千元以下罰金。

第318-1條

無故洩漏因利用電腦或其他相關設備知悉或持有他人之秘密者，處二年以下有期徒刑、拘役或五千元以下罰金。

第318-2條

利用電腦或其相關設備犯第三百十六條至第三百十八條之罪者，加重其刑至二分之一。

第319條

第三百十五條、第三百十五條之一及第三百十六條至第三百十八條之二之罪，須告訴乃論。

八、垃圾電子郵件的相關問題

案例

上班族Jason幾乎每天打開電子郵件信箱都會收到一堆垃圾郵件，讓他很困擾並刪到手軟，還曾經被老闆誤會他在上班時間收發私人e-mail，到底Jason有何自保之道？現行法有無方法因應垃圾郵件？

解析

說起垃圾郵件，廣義來說包括了郵寄的廣告信件、手機的廣告簡訊以及電子郵件信箱的垃圾郵件(Spam)，因為這大都是不請自來，所以我們統稱為垃圾郵件，而這裡我們主要談的是電子郵件信箱垃圾郵件的問題。

根據二〇〇三年十一月中華電信指出，每天透過中華電信HiNet寄件的電子郵件約有二千三百萬封，其中就有一千萬封是垃圾郵件，至於收件的部分，每天有一億一千萬封，其中高達四千五百萬封是垃圾郵件，也就是說，每天透過HiNet信箱傳遞的垃圾郵件，高達五千五百萬封左右。且根據對國內網友調查，網友每天所收的電子郵件中有四成是垃圾郵件，而最新資料顯示，全球十大SPAM國家中，臺灣排名第四，臺灣每年因為垃圾郵件需消耗六百多億臺幣的社會成本，而美國垃圾郵件一年讓企業損失達九十億美元，全球每天有超過三十億封垃圾郵件發送，約有百分之九十六的網友都收過垃圾郵件。其實不僅網友不喜歡收到垃圾郵件，網際網路服務提供者(ISP)也一樣，微軟公司甚至在二〇〇三年六月間對於濫發電子垃圾郵件的公司或個人提出告訴。根據中華民國網路消在費協會所做的研究報告，垃圾郵件對於消費者、網際網路服務業者、企業經營者方面、社會方面都造成一定的損失，例如：對於消費者來說，即屬時間以及金錢損失（撥接上網而花時間刪垃圾郵件）；對於網際網路服務業者而言，垃圾郵件使其有限資源與空間（伺服器或記憶體）大部分都在處理垃圾郵件。在現今無法完備的法律之前，業者必須研發過濾軟體來防堵垃圾郵件，而微軟與美國線上、雅虎、EarthLink、Comcast和英國電訊等業者，共同組成「反垃圾郵件技術聯盟」(Anti-Spam Technical Alliance)，已研擬防止網域變造(domain spoofing)的解決方案，因為大多數的垃圾郵件，都涉及網域變造，也就是偽造寄件者的郵件地址，使得該郵件訊息可以成功躲過垃圾郵件過濾軟體，比爾蓋茲更呼籲應透過制定寄件者使用名稱(Sender ID)標準，才能有效提升攔截垃圾郵件工具的效能。不過，業者的研發工作不是無需成本的，這些支出恐怕終究還是轉嫁給一般消費者。

為什麼自己的電子郵件信箱會被別人知道？明明是剛申請不久的電子信箱，不久就收到一堆廣告信？其實這些垃圾郵件發送者（可能是個人也可能是公司）的方法很多，有人專門以蒐集他人帳號為業，例如：架設一網站，以優惠或贈品使網友加入會員以取得其電子郵件資料；或者使用自己寫的全自動化軟體，在網頁上或線上群組搜括電子郵件；或進入聊天室，因為裡面就有上線者的電子信箱帳號，此時即可大量搜括；就算是各大ISP業者或網路公司紛紛研發技術防堵垃圾郵件，但是由於一來垃圾郵件數量太過於驚人，二來發送垃圾郵件者或不肖業者也發展出應付之道，例如：以軟體自動更改發信位置，逃避追蹤，所以垃圾電子郵件仍然充斥在網路生活中，讓網路族困擾不已。

雖然國內尚無完備法令來規範垃圾郵件，可是外國立法例，可供我們參考，例如日本於二〇〇四年七月一月施行的「特定電子郵件法」以及「特定商業交易法」中，對於業者主動寄發之廣告電子郵件，有規定其應記載之事項，並當消費者發出拒絕通知時，業者不得對該收信者再發廣告郵件，違反者有高額罰款，個人則可判處最高兩年有期徒刑。美國二〇〇四年一月一日正式生效之CAN-SPAM Act（即反垃圾郵件法），重點在於把某一類的電子郵件的發送視為違法，並可處以罰金以及徒刑，例如：禁止以假造身分或誤導人的主旨來寄發大宗郵件；色情郵件必須加以附記說明；商業電子郵件必須附含有效的郵遞地址，並讓收件人有拒絕之機會。若違反規定者，每封電子郵件可被處以二百五十美元，總額不可超過二百萬美元，但情節重大可罰三倍，並處五年以下有期徒刑。

目前國內法律可能用來規範垃圾電子郵件者，僅有九十二年六月二十五日修正刑法第360條：「無故以電腦程式或其他電磁方式干擾他人電腦或其相關設備，致生損害於公眾或他人者，處三年以下有期徒刑、拘役或科或併科十萬元以下罰金。」這項條文的增訂的立法理由，是鑑於電腦及網路已成為人類生活之重要工具，分散式阻斷攻擊(DDOS)或封包洪流(Ping Flood)等行為已成為駭客最常用之癱瘓網路攻擊手法，故有必要以刑法保護電腦及網路設備之正常運作。又該條文處罰之對象是對電腦及網路設備產生重大影響之故意干擾行為，為避免某些對電腦系統僅產生極輕度影響之測試或運用行為亦被繩以本罪，故加上「致生損害於公眾或他人」之要件，以免刑罰範圍過於擴張。也就是說，除非個人或公司的電腦系統因為大量電子郵件之處理而造成癱瘓，或電子郵件信箱被灌爆，才有本條的適用，若僅是造成一般網路使用者的困擾，是否有「致生損害於公眾或他人」的適用，恐有問題。

法務部最近研擬修正電腦處理個人資料保護法，研擬增修第22-2條「非公務機關以行銷為特定目的利用個人資料者，應於首次行銷時提供當事人免費表達拒絕之方式；當事人表示拒絕接受行銷時，應停止利用其個人資料。」即屬對於以行銷為目的所郵寄之廣告信件之規範，此也包括電子信箱的電子垃圾郵件，但是此規定仍並不是完全針對垃圾郵件所做之規範，並且所謂個人資料，在電腦處理個人資料保護法第3條第1款：「指自然人之姓名、出生年月日、身分證統一編號、特徵、指紋、婚姻、家庭、教育、職業、健康、病歷、財務情況、社會活動及其他足資識別該個人之資料。」因此前開擬增修禁止規定只能針對「足以識別個人的資料」才適用，例如郵寄至家中信箱之廣告刊物，必須載明收件者之姓名、住址等資料，即有此適用；若行銷者並非針對特定對象，而以隨機或任意投送之方式行銷，即無適用，例如網路上大量垃圾郵件，因為是利用特定電腦程式抓取電子郵件地址來發送，無法識別當事人，似乎並不適用前開擬增修規定。

國內已有立法委員於二〇〇〇年提案，希望對於廣告電子郵件加以規範，國家通訊傳播委員會(NCC)籌備處和電信總局於二○○四年六月初研擬完成「濫發商業電子郵件管理條例」草案，違法發送垃圾郵件，每封最高賠償收信人兩千元，若匿名寄發，最高可處五年以下有期徒刑、併科一百萬元罰金；草案中考量垃圾郵件被害人不易舉證，損害金額也很難估算，民眾或電子郵件服務提供者請求民事賠償時，不需提供損害證明，而由法院依據每封新臺幣五百元以上、兩千元以下，合計不超過兩千萬元為標準，裁定賠償金額。另外部分垃圾郵件來自大陸、美國、韓國等地，追查不易，待「濫發商業電子郵件管理條例草案」通過，希望可本於互惠原則，與相關國家合作，共同追查不法電子郵件來源。草案中亦要求寄發商業電子郵件，必須提供收信人選擇不再接收相同信件的機制，並在郵件主旨欄加註「商業」、「廣告」或“ADV”的標示，以及提供正確的信首資訊和發信人的身分資訊及郵遞地址；草案也賦予電子郵件服務提供者在可能危及設備機能的情況下，拒絕提供傳送或接收垃圾郵件的權利；對於部分來源不明、或為躲避查緝，以國外為跳板的垃圾郵件，草案特別加重處罰，明訂以隱匿或標示不實的身分和信首資訊，發送垃圾郵件，處兩年以下有期徒刑、拘投或新臺幣二十萬元以下罰金，若以此為常業者，處六個月以上、五年以下有期徒刑，並得併科二十萬元以上一百萬元以下罰金。NCC籌備處表示，待整個商業電子郵件管理上軌道後，不排除比照美國，協調相關團體建置全國性拒絕商業電子郵件位址的資料庫，供民眾自行註冊，業者在寄發電子郵件前必須到資料庫確認，收信人名單是否有已經註冊拒收商

業電子郵件的人，並提前剔除。

上開「濫發商業電子郵件管理條例草案」的可行性及妥當性還有許多討論的空間，在網路上大量發送的資訊，未必都是不受歡迎的垃圾郵件，也有一些資訊是實用的電子報或交流訊息，立法時應該要特別注意新興市場發展可能性，與技術促進或阻礙產業的情形。無論如何，目前國內對於電子垃圾郵件的管制缺乏法令，網路族想要自保不受垃圾郵件的困擾，最重要的可能是不讓他人知道自己的電子郵件信箱帳號，以下幾個小方法，也許可以作為參考：

1. 申請e-mail信箱所用的字母不要少於五個字，英文字母或數字盡量不要用英文名字或生日，例如：John0303@...。

2. 可多利用各家網路ISP所提供的過濾垃圾郵件功能，有些功能已十分強大。

3. 可以使用數個信箱，把較隱私或重要的訊息與較公開的訊息內容分開。

4. 在聊天室中最好使用另一與自己信箱位址無關的化名。

5. 勇於檢舉。例如：中華電信HiNet的使用者若收到垃圾郵件，可將之轉寄到spam@ms1.hinet.net，經查證屬實，對於該發送者會產生停權效果。

6. 千萬不要回覆來路不明的信，以免讓發送者知道這一個是有效的信箱，反而容易收到更多垃圾郵件。

相關法規

刑法

第360條

無故以電腦程式或其他電磁方式干擾他人電腦或其相關設備，致生損害於公眾或他人者，處三年以下有期徒刑、拘役或科或併科十萬元以下罰金。

第361條

對於公務機關之電腦或其相關設備犯前三條之罪者，加重其刑至二分之一。

電腦處理個人資料保護法

第3條第1款

個人資料：指自然人之姓名、出生年月日、身分證統一編號、特徵、指紋、婚姻、家庭、教育、職業、健康、病歷、財務情況、社會活動及其他足資識別該個人之資料。

九、職場上的網路隱私

案例

小范任職於一家廣告企劃公司，不滿公司福利不佳，經常利用公司電腦網路傳送電子郵件給朋友，內容多是抱怨公司，並在網路人力銀行投遞履歷表，希望轉換工作，沒想到自己在網路上的一舉一動竟在老闆的監視之下，老闆隨即以濫用公司資源、對公司向心力不足等理由將小范解僱，小范可以主張哪些權利？

解析

雇主究竟可不可以監控員工使用電腦的狀況呢？包括員工所連結上的每一個網站，所輸入的每一個字，甚至電子郵件？英國惠普(HP)公司有一百五十名員工因在上班時間寄發黃色笑話以及色情圖片，而分別遭到停職及開除處分；美國紐約時報有二十三位員工因為使用電子郵件散布猥褻性圖片而遭到開除。二○○一年七月間，臺灣知名晶圓代工大廠以「傳送私人電子郵件，不務正業」為由開除員工，從告知員工到公布名單，讓員工打包時間不到兩天，此外還有二百名員工被列為觀察名單，理由是「無故散布公司內部資訊」；二○○二年一月間，臺灣某大電訊公司有七名員工，接獲總經理發送主旨為「調薪」的電子郵件，分別轉寄給配偶或朋友，總經理知悉後即公告，員工將調薪資訊以電子郵件轉寄到公司外部，已經違反公司的工作規則，違反情節重大，逕行解僱。由上述案例可得知，他們的共同處都在勞資、雇主與員工之間的衝突，而重要衝突原因之一是雇主得否監看員工電子郵件的內容？企業利益（如營業秘密的洩漏或公司成本的支出）與員工個人隱私權間的衝突如何解決？

我國目前法制尚無針對上開問題有明確規定。美國於一九八六年電子通訊隱私法（簡稱ECPA），其把電話通訊以及所有數位通訊均包括在內，此法案禁止訊息發送者與訊息接收者以外之第三人攔截訊息，或加以竊聽以及揭露已儲存的通訊資訊。但是該法案允許雇主在某些特定的情況下，得監看員工的電子郵件：(1)

得到員工事前同意；⑵在維護營業利益的範圍內。英國在二〇〇〇年通過的「電信通訊合法商業運用通訊監察規則」，也規定雇主在一定情形之下可監看員工的電子郵件，例如：為偵查犯罪或為維護系統之安全及使其有效用。目前的趨勢是同意雇主在一定的條件下得監看員工在公司內的電子郵件，主要理由在於公司為公事所需所提供的電腦設備以及網路設備（當然也包括電子郵件）基本上屬於公司的財產，而非員工個人的財產，員工對於工作上電子郵件隱私權保護的期待當然無法與在家使用電子郵件的期待等而視之。防止員工在上班時間上網、收發私人電子郵件，是符合企業成本考量，而防止營業秘密洩漏也是要求員工隱私權退讓的重要理由。

既然我國並未對前開問題作明確規範，雇主如監看員工電子郵件宜特別留意，在未告知員工的情形下，也沒有明定隱私權的政策之下，擅自監看員工的電子郵件，可能會被認為是「無故利用工具或設備窺視、竊聽他人非公開之活動、言論或談話」，依刑法第315-1條的規定，可處三年以下有期徒刑、拘役或三萬元以下罰金；而且員工也可以依民法第195條的規定，主張隱私權被侵害而請求損害賠償。

現代化的企業都應該制定營業秘密保護制度，營業秘密保護制度中的重要方法之一就是員工的保密協定，因應網路的使用，雇主亦宜與員工在事前先簽訂「員工使用電子郵件契約書」或「員工使用網際網路之規範」，告知員工企業或雇主對於其使用公司電子郵件的合理期待，例如：「公司為防止營業秘密之洩漏，於有合理懷疑時，得監看員工的電子郵件」；「並非在工作場所上完全不可以收發私人郵件，但須於工作完成或休息時間為之」等，不僅可以使勞雇雙方權利義務有合理明確之規範，也可以減少雇主與員工間的衝突。

臺灣的勞動基準法原則上是保護勞工，對於員工違反勞動契約或工作規則，必須達到「情節重大」的程度，雇主才可以不經預告終止契約，且不需支付資遣費。也就是說，員工就算是違反公司網路使用規則，也未必就達到解僱的條件，以本案例而言，小范向友人抱怨工作尚不致對公司造成嚴重損害，寄發求職函也未耗費公司大量資源，似乎很難認為「違反勞動契約或工作規則情節重大」，小范的老闆解僱小范，恐怕不合法；小范得訴請確認僱傭關係存在，或主張勞動基準法第14條第1項第6款「雇主違反勞動契約或勞工法令」終止勞動契約，並要求雇主給付資遣費。

刑法

第315-1條

有左列行為之一者，處三年以下有期徒刑、拘役或三萬元以下罰金：

一　無故利用工具或設備窺視、竊聽他人非公開之活動、言論或談話者。

二　無故以錄音、照相、錄影或電磁紀錄竊錄他人非公開之活動、言論或談話者。

勞動基準法

第11條

非有左列情形之一者，雇主不得預告勞工終止勞動契約：

一　歇業或轉讓時。

二　虧損或業務緊縮時。

三　不可抗力暫停工作在一個月以上時。

四　業務性質變更，有減少勞工之必要，又無適當工作可供安置時。

五　勞工對於所擔任之工作確不能勝任時。

第12條

勞工有左列情形之一者，雇主得不經預告終止契約：

一　於訂立勞動契約時為虛偽意思表示，使雇主誤信而有受損害之虞者。

二　對於雇主、雇主家屬、雇主代理人或其他共同工作之勞工，實施暴行或有重大侮辱之行為者。

三　受有期徒刑以上刑之宣告確定，而未諭知緩刑或未准易科罰金者。

四　違反勞動契約或工作規則，情節重大者。

五　故意損耗機器、工具、原料、產品，或其他雇主所有物品，或故意洩漏雇主技術上、營業上之秘密，致雇主受有損害者。

六　無正當理由繼續曠工三日，或一個月內曠工達六日者。

雇主依前項第一款、第二款及第四款至第六款規定終止契約者，應自知悉其情形之日起，三十日內為之。

第14條

有左列情形之一者，勞工得不經預告終止契約：

一　雇主於訂立勞動契約時為虛偽之意思表示，使勞工誤信而有受損害之虞者。

二　雇主、雇主家屬、雇主代理人對於勞工，實施暴行或有重大侮辱之行為者。

三　契約所訂之工作，對於勞工健康有危害之虞，經通知雇主改善而無效果者。

四　雇主、雇主代理人或其他勞工患有惡性傳染病，有傳染之虞者。

五　雇主不依勞動契約給付工作報酬，或對於按件計酬之勞工不供給充分之工作者。

六　雇主違反勞動契約或勞工法令，致有損害勞工權益之虞者。

勞工依前項第一款、第六款規定終止契約者，應自知悉其情形之日起，三十日內為之。

有第一項第二款或第四款情形，雇主已將該代理人解僱或已將患有惡性傳染病者送醫或解僱，勞工不得終止契約。

第十七條規定於本條終止契約準用之。

第16條

雇主依第十一條或第十三條但書規定終止勞動契約者，其預告期間依左列各款之規定：

一　繼續工作三個月以上一年未滿者，於十日前預告之。

二　繼續工作一年以上三年未滿者，於二十日前預告之。

三　繼續工作三年以上者，於三十日前預告之。

勞工於接到前項預告後，為另謀工作得於工作時間請假外出。其請假時數，每星期不得超過二日之工作時間，請假期間之工資照給。

雇主未依第一項規定期間預告而終止契約者，應給付預告期間之工資。

第17條

雇主依前條終止勞動契約者，應依左列規定發給勞工資遣費：

一　在同一雇主之事業單位繼續工作，每滿一年發給相當於一個月平均工資之資遣費。

二　依前款計算之剩餘月數，或工作未滿一年者，以比例計給之。未滿一個月者以一個月計。

第18條

有左列情形之一者，勞工不得向雇主請求加發預告期間工資及資遣費：

一　依第十二條或第十五條規定終止勞動契約者。

二　定期勞動契約期滿離職者。

第三章

與網路有關的犯罪

一、冒名寄發電子郵件的刑事責任

案例

王大明與李小華為情敵，為追求陳阿花而爭執翻臉，某日王大明至網咖撰寫電子郵件(e-mail)，書寫內含辱罵陳阿花之誹謗文字，且在電子郵件內虛偽簽寫李小華的姓名，以表示係李小華所書寫之信件，並透過網際網路寄至陳阿花的電子信箱，希望藉此破壞李小華在陳阿花心中的形象。

解析

按刑法處罰偽造文書之主旨，重在保護文書之實質的真正，而刑法上偽造文書罪章之文書，其定義依學者之見解，除必需有有體性、文字性、持續性、意思性等要件外，尚必需有名義性方足以該當文書之意義，其中之名義性也就是說必該記載足以表彰一定之制作名義人，該等記載方可認為係文書。電子郵件在刑法上是否為文書或準文書？有人認為電子郵件非以特殊之電腦軟體重現，無從閱讀，且電子郵件本身僅為數位資料，不具可視性、可讀性，並非私文書或準文書；也有人認為，電子郵件雖非一般意義之文書，惟依目前電腦使用之進展，已具有一定之通訊功能，且電子信號雖無法直接閱讀，然透過特定之電腦軟體，可具體重現文字內容而表示一定之意義，已具備文書之可覽性、永續性及意義性三要件，宜認係刑法上之文書。現在司法實務上多數看法，認為依八十六年九月二十五日三讀通過之刑法有關電腦犯罪部分三讀修正通過條文，電子郵件係屬刑法第220條第2項之準文書。

電子郵件內遭虛偽標示的姓名，是否為署押？例如本案例中王大明在電子郵件內虛偽簽寫李小華的姓名，是否構成刑法上偽造署押罪？雖有認為電子郵件並非一般信件，無從簽名，且李小華之姓名亦係以正負磁氣方式儲存傳送，與文件之內容無異，並非署押。不過司法實務上多數看法，認為署押係指署名畫押或簽押，其方式本不限於簽名一種，即令畫十字亦非不可，如果電子郵件上所記載之姓名係表示該電子郵件具名者所制作之意，即為刑法上的署押。王大明在電子郵件內虛偽簽寫李小華的姓名，致生損害於李小華，依刑法第217條可處王大明三年以下有期徒刑，而且李小華也可向王大明請求賠償損害。

此外還有一個爭論，以電子郵件辱罵他人，是否構成公然侮辱罪？有人認為網際網路係公眾使用之開放式網路，在網際網路上傳送之電子郵件，係透過眾多相連之網站轉送，在每一轉信之網站上，均存有電子郵件之資料，各網站之管理人員亦得以知悉信件內容，此與郵差不得任意開拆信件者不同，故應構成公然侮辱罪。但是多數司法實務見解認為，網際網路雖為公眾使用之開放式網路，然個人所寄出的電子郵件係寄至特定人的特定電子信箱，並非在網站之公布欄上，如果也不是以大量信件寄送給特定或不特定人，不構成公然要件，且無散布於眾之意圖，不構成公然侮辱罪。

刑法

第217條

偽造印章、印文或署押，足以生損害於公眾或他人者，處三年以下有期徒刑。

盜用印章、印文或署押，足以生損害於公眾或他人者，亦同。

第220條

在紙上或物品上之文字、符號、圖畫、照像，依習慣或特約，足以為表示其用意之證明者，關於本章及本章以外各罪，以文書論。

錄音、錄影或電磁紀錄，藉機器或電腦之處理所顯示之聲音、影像或符號，足以為表示其用意之證明者，亦同。

稱電磁紀錄，指以電子、磁性或其他無法以人之知覺直接認識之方式所製成之紀錄，而供電腦處理之用者。

第309條

公然侮辱人者，處拘役或三百元以下罰金。

以強暴犯前項之罪者，處一年以下有期徒刑、拘役或五百元以下罰金。

二、盜用他人帳號密碼上網

案例

吳誠信常與友人甄梅一起上網，吳誠信趁機探知甄梅電腦網路上網服務之帳號（使用者代號）與密碼，吳誠信竟未經甄梅同意，先後多次由其自己家中電腦網路線路上網時，輸入甄梅帳號與密碼而上網多次，其費用均計入甄梅帳戶內，吳誠信的行為是否應負刑事責任？

解析

網際網路接取服務為電信服務之一種，一般使用者在利用網際網路接取服務業者所提供之接取或上網服務時，因計費需要，通常須在上網之初，輸入使用者帳號與密碼，由業者先予身分確認，且經身分確定無誤後，始提供電信服務予用戶並啟動計費。因此，擁有網際網路接取帳號及密碼之用戶，即有網際網路接取業者之電信設備使用權，盜用他人網際網路接取帳號及密碼上網，即被認為係盜用他人對於網際網路接取業者之電信設備使用權。

上網服務係利用電腦結合電信設備之通信方式，如盜用他人的網路代號與密碼上網獲得提供服務之利益，除構成刑法詐欺得利罪外，意圖為自己或第三人不法之利益，以有線、無線或其他電磁方式，盜接或盜用他人電信設備通信者，依電信法第56條第1項的規定可處五年以下有期徒刑，得併科新臺幣一百五十萬元以下罰金，現在一般司法實務多認為盜用他人的網路代號與密碼上網，屬於「盜接或盜用他人電信設備通信」，故可依電信法第56條第1項的規定論處；此外，目前常見盜打他人電話或行動電話的情形，也可適用此一條文。

比較有爭論的是盜用他人的網路代號與密碼上網獲得提供服務之利益，會不會也構成刑法第339-3條的要件？如果也成罪，則刑責比前開電信法第56條第1項的規定還重，可處七年以下有期徒刑。刑法第339–3條係規定「意圖為自己或第三人不法之所有，以不正方法將虛偽資料或不正指令輸入電腦或其相關設備，製作財產權之得喪、變更紀錄，而取得他人財產者，處七年以下有期徒刑。以前項方法得財產上不法之利益或使第三人得之者，亦同」。也就是說，行為人除具有不法之意圖外，須有：⑴將虛偽資料或不正指令輸入電腦或其相關設備，⑵製作財產權之得喪、變更紀錄，⑶進而取得他人財產者之情形，始與本罪之構成要件相當。單純盜用他人的網路代號與密碼上網，雖不法獲得提供服務之利益，但是並沒有製作財產權之得喪、變更紀錄，其目的係在獲得網路服務，並非在製作財產權之得喪變更紀錄，計費帳單是電信公司利用電腦自動紀錄方式所製作者，非盜用帳號上網者所製作，所以應該不構成刑法第339–3條。

至於常見犯刑法第339–3條的情形，以偽造信用卡消費及竊取他人金融卡至金融機構自動櫃員機提款的情形較多。明知信用卡係偽造，竟仍至商店刷卡消費，或明知不是自己的金融卡，仍以不正指令輸入提款機電腦設備由提款機詐領存款將被害人存款不法轉帳變更存、提款紀錄以取得他人財產之行為，係犯刑法第339–3條第1項之詐欺罪。

電信法

第56條

意圖為自己或第三人不法之利益，以有線、無線或其他電磁方式，盜接或盜用他人電信設備通信者，處五年以下有期徒刑，得併科新臺幣一百五十萬元以下罰金。
意圖供自己或第三人盜接或盜用他人電信設備通信，而製造、變造或輸入電信器材者，處一年以上七年以下有期徒刑，得併科新臺幣三百萬元以下罰金。意圖供第三人盜接或盜用他人電信設備通信，而販賣、轉讓、出租或出借電信器材者，亦同。
意圖供自己或第三人犯罪之用而持有前項之電信器材者，處三年以下有期徒刑，得併科新臺幣五十萬元以下罰金。
第一項及第二項之未遂犯罰之。

刑法

第339-3條

意圖為自己或第三人不法之所有，以不正方法將虛偽資料或不正指令輸入電腦或其相關設備，製作財產權之得喪、變更紀錄，而取得他人財產者，處七年以下有期徒刑。
以前項方法得財產上不法之利益或使第三人得之者，亦同。

三、盜用網路遊戲的虛擬寶物

案例

某甲於民國（下同）九十年六月間某日，在臺北市內湖區某網路咖啡廳，偷看得知隔壁玩家某乙參與A公司「天堂」線上遊戲之帳號及密碼（設在遊戲中角色名稱為西門缺血），即意圖為自己不法之所有，在其住處以其向某電信公司之ADSL寬頻數據帳號及電腦主機兩臺，同時上網至A公司之「天堂」特定之線上遊戲主機（即伺服器Server，該公司以希臘神話之神祇為名設立許多伺服器，如太陽神阿波羅、愛神丘比特、美神維納斯等，每一個伺服器為一獨立之「世界」，每一個世界之裝備、武器、天幣均不能至其他世界使用，所以，阿波羅世界之裝備、武器、天幣即不能在丘比特世界使用，從而兩個世界之裝備、武器在現實世界之交易價格即有所不同，一般而言，越近期開設世界，高階裝備、武器因數量稀少，交易價格即相對較高），分別在兩臺電腦輸入自己在「天堂」線上遊戲所使用之帳號、密碼（設在遊戲中角色名稱為小李揮刀），及前述窺視知悉乙之帳號、密碼，登入「天堂」線上遊戲主機，使A公司陷於錯誤，提供乙帳號之遊戲時數予某甲使用（本題不討論此部分之犯行）；某甲並將某乙在「天堂」線上遊戲所扮演角色中所擁有之「武士刀」、「力量手套」、「金靈鏈甲」、「十字弓」、「抗魔頭盔」、「天幣」等無法複製之虛擬裝備、武器、虛擬財物等電磁紀錄，藉由其所控制「西門缺血」角色以直接交付（伺服器所顯示之紀錄為give）予「小李揮刀」，或藉由「西門缺血」丟棄在虛擬空間（伺服器所顯示之紀錄為drop）後再由「小李揮刀」以拾獲（伺服器所顯示之紀錄為get）等方式，竊取天堂遊戲之虛擬裝備、武器、虛擬財物至自己所扮演之遊戲角色身上，計獲取總價值約「天幣」一百萬元，折合約相當於新臺幣一萬元電磁紀錄財物（參閱拍賣網站天幣與新臺幣匯兌行情約一百比一），嗣某乙發覺「西門缺血」裝備、武器、天幣等無端消失，乃至A公司查閱遊戲歷程紀錄後，發覺上情而報警查獲，請問某甲以上開方式取得某乙於網路遊戲中之虛擬裝備、武器、天幣之行為是否構成犯罪?(案例資料來源:《臺灣高等法院暨所屬法院九十一年法律座談會彙編》,九十二年七月,第三四三～三五一頁。)

解析

近年來困擾著法律界的一項問題就是盜用網路遊戲中的虛擬寶物,算不算是竊盜?詐欺?偽造文書?要不要用刑法的相關規範處罰?很多人小時候都玩過大富翁或非洲歷險之類的遊戲,可從來沒聽過有人報警說「我的大富翁所蓋的房子被竊占了」或是「我的武器及醫藥包被偷了」。無論我們願不願意相信,願不願意接受,現實是今天的網路遊戲已經不單純只是茶餘飯後的消遣了,不但製作提供遊戲成為新興產業,甚至連玩遊戲本身也創設出特殊的生活及經濟模式,有人玩線上遊戲成為朋友、相戀、共組家庭,也有人反目成仇,綁架勒贖金幣;有人的經濟來源是「代客練功」,網站上各種寶物竟然也有了可以用真實貨幣計價的價值,這些現象使我們必須正視刑法中對於財產法益保護觀念的變化。

首先值得探究的是,線上遊戲中之虛擬物品是否為財產法益所保護之客體,而得適用刑法竊盜罪、侵占罪、詐欺罪及毀損罪?對於這個問題,以往多數司法實務見解持肯定看法,如法務部檢察司曾於九十一年間表示「按刑法第三百二十三條規定,電磁紀錄關於竊盜罪章之罪,以動產論;同法第三百三十八條、三百四十三條則分別對侵占罪及詐欺罪定有準用之條文;另同法三百五十二條亦增列第二項干擾他人電磁紀錄處理罪;是電磁紀錄雖為無體物,依現行規定,仍為竊盜罪、侵占罪、詐欺罪及毀損罪之客體。查線上遊戲之虛擬物品係以電磁紀錄之方式儲存於遊戲伺服器，遊戲帳號所有人對於該虛擬物品擁有持有支配關係。又所謂『虛擬物品』，係對新興事物所自創之名詞，其於現實世界中仍有其一定之財產價值，與現實世界之財物並無不同，不因其名為『虛擬物品』即謂該物不存在，僅其呈現之方式與實物不同，是以，認定虛擬物品為竊盜罪、侵占罪、詐欺罪及毀損罪所保護之客體，應無不當。至其他財產法益之犯罪，因目前法條尚無準用之規定，尚不能相提並論」。要注意的是，這裡提到的刑法第323條有關電磁紀錄部分規定，在九十二年六月修正刑法時修正刪除，將竊取電磁紀錄之行為改納入新增之妨害電腦使用罪章中規範。因此就現行刑法的適用，僅須注意是否妨害電腦使用，而不需太過擔心線上遊戲中之虛擬物品是否為財產法益所保護之客體。

接下來討論的是前面提到「盜用」虛擬寶物的行為，要如何適用刑法規定？這個問題就引發許多爭議，雖然多數意見都認為該行為違反刑法，但究竟是竊盜還是詐欺，在九十二年六月修法前，也是意見分歧：

第一種看法，認為犯刑法第323條、第320條第1項之竊盜電磁紀錄罪。主要理由是，刑法第323條業於八十六年十月八日修正公布，增列「電磁紀錄」關於竊盜罪章之罪，以動產論；同法第352條亦增列第2項干擾他人電磁紀錄處理罪；電磁紀錄雖為無體物，均為竊盜罪及毀損罪之客體。竊盜罪中所謂竊取，係指破壞原持有人對於財物之持有支配關係而建立新的持有支配關係。查某甲利用窺知某乙A公司之線上遊戲之帳號、密碼，而據以輸入某乙之帳號及密碼登入「天堂」線上遊戲伺服主機竊取某乙之電磁紀錄（特定虛擬世界之虛擬裝備、武器、天幣），恆須利用遊戲伺服器所創設之虛擬空間，方能支配使用，無法經由單機複製，且被告係經由「天堂」線上遊戲伺服器，破壞被害人某乙持有「天堂」遊戲虛擬裝備、武器、天幣等電磁紀錄之支配關係，並進而建立自己之持有支配關係，所為係犯刑法第323條、第320條第1項之竊盜電磁紀錄罪。

第二種看法，認為不犯竊盜罪，而是犯刑法第339-3條之第2項之詐欺罪。主要理由認為按刑法第323條原僅規定「電氣關於本章之罪，以動產論」，為保護電腦資訊，乃於八十六年十月八日三讀通過，將本條規定修正為「電能、熱能及其他能源或電磁紀錄，關於本章之罪，以動產論」，而新增電磁紀錄，立法者所要規範的，應是電磁紀錄所內涵的抽象的意識內容。本案某甲利用偷看所得某乙之線上遊戲帳號及密碼假冒某乙虛偽輸入give或drop指令，而由某乙直接交付(give)或丟棄(drop)裝備、武器、道具，再由某甲以拾獲(get)等方式取得，均使由A公司線上遊戲主機之電磁紀錄發生上開虛擬裝備、武器、道具之得喪變更，並非某甲直接「竊取」而來，而係由某甲施用上開詐術取得。且虛擬世界之上開裝備等物，尚可於真實世界兌換財物，具有財產利益，則某甲之行為似較符合刑法第339-3條電腦詐欺得利罪之構成要件，即以不正方法將虛偽資料或不正指令輸入電腦或其相關設備得財產上不法之利益或使第三人得之的要件。

以上這兩種看法都各有所本，從爭執的觀點也可以發現，網路世界的變化確是傳統法律規範難以理解或規範的，對於網路遊戲所帶來的人際關係變化，及財產權觀念擴增，都不易完全掌握，尤其前開第一種看法目前應該是不存在了，因為刑法第323條係八十六年十月八日修正時，為規範部分電腦犯罪，增列電磁紀錄以動產論之規定，使電磁紀錄亦成為竊盜罪之行為客體。惟學界及實務界向認為：刑法上所稱之竊盜，須符合破壞他人持有、建立自己持有之要件，而電磁紀錄具有可複製性，此與電能、熱能或其他能量經使用後即消耗殆盡之特性不同；且行為人於建立自己持有時，未必會同時破壞他人對該電磁紀錄之持有。因此將電磁紀錄竊盜納入竊盜罪章規範，與刑法傳統之竊盜罪構成要件有所扞格。為因應電磁紀錄之可複製性，並期使電腦及網路犯罪規範體系更為完整，九十二年六月修正刑法時就原刑法第323條有關電磁紀錄部分修正刪除，將竊取電磁紀錄之行為改納入新增之妨害電腦使用罪章中規範。九十二年六月修正刑法時認為電腦已成為今日日常生活之重要工具，民眾對電腦之依賴性與日俱增，若電腦中之重要資訊遭到取得、刪除或變更，將導致電腦使用人之重大損害，鑑於世界先進國家立法例對於此種行為亦有處罰之規定，爰增訂刑法第359條，就現行法而言，竊取線上遊戲寶物，應認為妨害電腦使用，依第359條的規定，可處五年以下有期徒刑、拘役或科或併科二十萬元以下罰金。又依刑法第363條的規定，第359條之罪需告訴乃論。

相關法規

刑法

第359條

無故取得、刪除或變更他人電腦或其相關設備之電磁紀錄，致生損害於公眾或他人者，處五年以下有期徒刑、拘役或科或併科二十萬元以下罰金。

四、電腦病毒問題

案例

小森是某大學學生，平日獨來獨往，不喜交際，稍微了解他的朋友阿牛只知道小森對電腦十分在行，並且終日只與電腦相處。阿牛在昨天的電視新聞上，赫然發現小森的名字，才知道原來最近造成企業及個人電腦系統中毒的電腦病毒設計者原來就是小森。電腦病毒是什麼？又製造電腦病毒癱瘓他人系統，有何法律上責任？

解析

「疾風」及「老大」病毒二○○三年八、九月相繼出現，攻擊全球一百多萬部裝有微軟視窗2000和XP作業系統的電腦，使得微軟系統漏洞百出，並且面臨使用者的請求賠償。科技經濟學家麥可馬努斯表示，光是八月以來陸續肆虐的電腦病毒就造成全球企業十五億到二十億美元（約臺幣五百一十二億元到六百八十三億元）的慘重損失。其中光是老大病毒(Sobig.F)，可能就造成近十億美元（約臺幣三百四十一億元）的損失，殺傷力最強。疾風和Nachi的破壞力緊追其後。而專家預估二○○三年電腦病毒所造成的損失，高達一百三十億美元（約臺幣四千四百四十億元）。臺灣幾年前有某大學學生，為了「炫耀」以及證明有些「防毒軟體都是騙人的」，設計出CIH（車諾比爾）電腦病毒，造成全球數千萬臺電腦中毒與難以估計的損害。電腦病毒的製造者，透過幾條線、幾部機器和一臺電腦，就足以使全世界哀鴻遍野，相信現在的電腦使用者都聞毒色變、拒病毒而遠之。

何謂電腦病毒？其實電腦病毒只是「電腦程式」的一種，它的主要特徵是會不斷的複製與感染，電腦病毒有些會破壞我們的硬碟，有些則是會占據電腦之記憶體，而有些在視窗系統中出現的文件巨集病毒則是附著在文件檔中，且其感染之對象亦限於文件檔，其種類也不一而足。

電腦設備有軟體或硬體之分，而兩者都有可能因電腦病毒而被損壞。由於電腦軟體的特殊性，而可分為損壞電腦硬體或是軟體而異其處罰規定。首先，若是損壞屬於「電腦硬體」的部分，例如：使他人的硬碟損壞（例如：有些病毒使一個硬碟裡的某一檔案一直重複讀，使其硬碟損壞。）或使其周邊設備不堪使用，則可依刑法第354條之毀損器物罪，直接以毀損他人之「物」來處斷。較有問題的是：損壞他人「電腦軟體」該如何處理？由於電腦軟體大都是由電腦程式所組成，屬於刑法上的電磁紀錄，若將之毀棄、損壞或使其不堪使用，可否稱為刑法第352條之毀損「文書」?關於這個問題，八十六年修正之刑法第220條已將電磁紀錄視為文書，毀壞他人軟體或程式可依刑法第352條來處罰。而亦增訂352條第2項：「干擾他人電磁紀錄之處理，足以生損害於公眾或他人者，亦同。」不過因為該條文「干擾」行為方式規定不夠明確，易生適用上之困擾，且本項行為之本質，與有形之毀損文書行為並不相同，為使電腦犯罪規範體系更為完整，九十二年六月修法又將本項刪除，另增訂第360條。

對於傳播電腦病毒者，九十二年六月增訂刑法第360條規定：「無故以電腦程式或其他電磁方式干擾他人電腦或其相關設備，致生損害於公眾或他人者，處三年以下有期徒刑、拘役或科或併科十萬元以下罰金。」立法理由是鑑於電腦及網路已成為人類生活之重要工具，分散式阻斷攻擊(DDOS)或封包洪流(Ping Flood)等行為已成為駭客最常用之癱瘓網路攻擊手法，故有必要以刑法保護電腦及網路設備之正常運作，爰增訂本條。又本條處罰之對象乃對電腦及網路設備產生重大影響之故意干擾行為，所謂干擾二字有些情節較輕，有些情節較重，為避免某些對電腦系統僅產生極輕度影響之測試或運用行為亦被繩以本罪，故加上「致生損害於公眾或他人」之要件，以免刑罰範圍過於擴張。另外，如對公務機關之電腦或其相關設備傳播電腦病毒，依刑法第361條的規定加重其刑至二分之一。

針對製造電腦病毒者，九十二年六月增訂刑法第362條規定：「製作專供犯本章之罪之電腦程式，而供自己或他人犯本章之罪，致生損害於公眾或他人者，處五年以下有期徒刑、拘役或科或併科二十萬元以下罰金。」本案例中的小森設計電腦病毒，不論是其自行放在網路上供人點選而中毒，或者是交由他人為散播之行為，致生損害於公眾或他人，就製作電腦病毒而言，均可以刑法第362條論處。

電腦病毒的製造者與初始散播者常常是同一個人，但不一定是所有散播電腦病毒以生損害於他人的，都是製造者，例如：有人明知某電腦檔案是有毒的，還故意把它寄給別人。現行法律對於製造電腦病毒或是傳播電腦病毒，均有規範，已如前述。另要注意的是，刑法第360條傳播電腦病毒罪是告訴乃論之罪，但刑法第361條對公務機關散播電腦病毒及第362條製造電腦病毒罪則是非告訴乃論之罪。

刑法

第360條

無故以電腦程式或其他電磁方式干擾他人電腦或其相關設備，致生損害於公眾或他人者，處三年以下有期徒刑、拘役或科或併科十萬元以下罰金。

第361條

對於公務機關之電腦或其相關設備犯前三條之罪者，加重其刑至二分之一。

第362條

製作專供犯本章之罪之電腦程式，而供自己或他人犯本章之罪，致生損害於公眾或他人者，處五年以下有期徒刑、拘役或科或併科二十萬元以下罰金。

第363條
第三百五十八條至第三百六十條之罪，須告訴乃論。

五、網路誹謗問題

案例

阿民就讀某大學資訊管理系二年級，某日在學校附近一家自助餐廳吃飯，因故與自助餐廳老闆發生小口角，老闆當眾說：「不高興吃或覺得太貴，以後可以不要來啊！」阿民當下覺得很沒面子，心生報復之念，於是他在該大學的電子佈告欄(BBS)上post一篇文章，假冒離職廚師的名義說：「大家千萬不要去吃那一家自助餐，那裡的豬肉都用死豬肉替代，而且環境衛生很差，每每都通不過檢驗卻還在營業……。」這消息在校園一傳十、十傳百，造成該自助餐廳業績下滑五成以上。試問：阿民這意氣用事之行為有無犯罪？

解析

阿民捏造了一些虛假的事實，並在網路上傳述足以毀損他人名譽之事，可能構成刑法上之誹謗罪。

根據臺灣網路資訊中心(TWNIC)公布「二〇〇三年七月臺灣地區寬頻網路使用調查」報告指出，截至二〇〇三年第二季為止，

臺灣地區上網人口達到一千一百七十五萬人（包括曾經接觸、使用過之十二歲以上之人口），而最常使用之功能之一為使用電子郵件（63%以上會使用）。由上說明可知，其實透過網路的擴散力，早遠比傳統的誹謗他人的傷害力還來得大得多，也容易得多，只要上網隨便寫一些子虛烏有的事，往往就能造成很好的「效果」。但雖說如此，利用網路媒介，如e-mail、BBS站、討論區等方式來故意誹謗他人與一般傳統利用言語、平面媒體等所犯的誹謗罪，並沒有什麼不同，換言之，網路誹謗罪與所有誹謗罪一樣，只是所透過之媒介不同，依照現有刑法處理即可。

針對特定的人，以具體事件傳述或散布一些不實的內容，就有可能構成誹謗，在本案例中的阿民，既非離職員工，亦不知其內部之運作，更不知「豬肉都用死豬肉替代，而且環境衛生很差，每每都通不過檢驗」云云，目的在於報復，讓他人名譽受損，透過網際網路的方式，只是其手段，與其他方式並無不同。所以，類似阿民的這種行為是要吃上官司的。其他例如在網路上post一篇文章說某某政府官員在某年某月去酒店喝花酒並接受性招待。我們收e-mail時也常常會收到類似說哪一家產品不要用，因為……（例如：某一家廠牌的洗手臺品質不佳，會爆炸傷人）。或者張貼一張照片，指名道姓的說，此人為常在某地區出沒之機車大盜……。這些言論如果沒有事實根據，都有可能觸犯刑法的誹謗罪。

如果阿民吃過那家自助餐廳後，覺得真的很難吃，而在BBS上發表說：「今天我到學校附近的某某自助餐店，裡面菜色很少，又不好吃，難怪那家生意一直不好。」這樣有無犯誹謗罪呢？依照上述所說，應該是沒有的，因為如果阿民只是對餐廳的菜色（特定事項）依據其價值判斷所提出之善意評論，應屬於對於可受公評之事，而為適當之評論，縱使阿民所說的會使餐廳老闆感到不愉快，應也非誹謗之行為，並不成立誹謗罪。

另外以電子郵件轉寄內容為勸戒他人勿使用某類產品，雖內容對該產品之效益或功能為全面性否定陳述，但如未特別指明商家或廠牌名稱，則未必會觸犯刑法之誹謗罪。不過，網路上的資訊分享不應建立在無知或惡意的消息傳遞，建議讀者轉寄電子郵件時仍應理智謹慎。

刑法

第310條

意圖散布於眾，而指摘或傳述足以毀損他人名譽之事者，為誹謗罪，處一年以下有期徒刑、拘役或五百元以下罰金。

散布文字、圖畫犯前項之罪者，處二年以下有期徒刑、拘役或一千元以下罰金。

對於所誹謗之事，能證明其為真實者，不罰。但涉於私德而與公共利益無關者，不在此限。

第311條

以善意發表言論，而有左列情形之一者，不罰：

一　因自衛、自辯或保護合法之利益者。

二　公務員因職務而報告者。

三　對於可受公評之事，而為適當之評論者。

四　對於中央及地方之會議或法院或公眾集會之記事，而為適當之載述者。

司法院大法官解釋

釋字第509號解釋

言論自由為人民之基本權利，憲法第十一條有明文保障，國家應給予最大限度之維護，俾其實現自我、溝通意見、追求真理及監督各種政治或社會活動之功能得以發揮。惟為兼顧對個人名譽、隱私及公共利益之保護，法律尚非不得對言論自由依其傳播方式為合理之限制。刑法第三百十條第一項及第二項誹謗罪即係保護個人法益而設，為防止妨礙他人之自由權利所必要，符合憲法第二十三條規定之意旨。至刑法同條第三項前段以對誹謗之事，能證明其為真實者不罰，係針對言論內容與事實相符者之保障，並藉以限定刑罰權之範圍，非謂指摘或傳述誹謗事項之行為人，必須自行證明其言論內容確屬真實，始能免於刑責。惟行為人雖不能證明言論內容為真實，但依其所提證據資料，認為行為人有相當理由確信其為真實者，即不能以誹謗罪之刑責相繩，亦不得以此項規定而免除檢察官或自訴人於訴訟程序中，依法應負行為人故意毀損他人名譽之舉證責任，或法院發現其為真實之義務。就此而言，刑法第三百十條第三項與憲法保障言論自由之旨趣並無牴觸。

六、利用網路媒介色情交易

案例

阿民因長久失業，遂與女友商議經營性交易，並在各網站留言板刊載「辣妹兼職熱情服務，意者回信」等訊息，經警方化名與之聯絡，在賓館將阿民與女友逮捕，阿民與女友有何刑事責任？

解析

賣淫是一項古老的行業，怎麼禁也禁不了，隨著網際網路的發展，利用網路散播性交易的情形也愈來愈多，傳統刑法本來就對媒介性交易有處罰規定，以一般常見的應召站、色情理容護膚等色情經營型態而言，凡意圖使男女與他人為性交或猥褻之行為，而引誘、容留或媒介以營利者，依刑法第231條的規定，可處五年以下有期徒刑，得併科十萬元以下罰金，如果是以之為常業者，更可處一年以上七年以下有期徒刑，得併科三十萬元以下罰金。

在整個性交易結構中，如果嫖客是與未滿十八歲之男女為性交或猥褻者，依刑法第227條及兒童及少年性交易防制條例第22條的規定，須負擔很重的刑事責任，而且無論犯罪地是在國內或國外，國外有無處罰規定，均在所不論，臺灣部分男人有所謂「吃幼齒」惡習，刑法對之並不寬貸。不過，如果嫖客性交易的對象是已滿十八歲之人，原則上是沒有刑事責任的。而一般賣春女子或男子，如果只是單純與嫖客為性交或猥褻交易行為，並未參與色情經營，原則上也沒有刑事責任，最多是依社會秩序維護法第80條的規定，處三日以下拘留或新臺幣三萬元以下罰鍰。

色情交易過程中，受到最嚴重刑事責任的是經營者，前面說到，依刑法第231條的規定，色情交易的經營者有相當重的刑事責任，如果引誘、容留、媒介、協助、或以他法，使未滿十八歲之人為性交易，更可依兒童及少年性交易防制條例第23條的規定，處以重刑。

網際網路的發達，使得社會關心網路上性交易資訊對兒童及少年的影響，對於散布性交易資訊，兒童及少年性交易防制條例第29條規定「以廣告物、出版品、廣播、電視、電子訊號、電腦網路或其他媒體，散布、播送或刊登足以引誘、媒介、暗示或其他促使人為性交易之訊息者，處五年以下有期徒刑，得併科新臺幣一百萬元以下罰金」，關於這項條文，以往司法實務上有兩項爭議：一、兒童及少年性交易防制條例第29條規定：「利用宣傳品、出版品、廣播電視或其他媒體刊登或播送廣告，引誘、媒介、暗示或以他法使人為性交易者。」此所謂「人」，是否限於「未滿十八歲之少年或兒童」？二、本條犯罪是否以有性交易之結果為成立之要件？

第一個問題的爭執起源在於，兒童及少年性交易防制條例的立法目的在於防止、消弭以兒童、少年為性交易對象事件，因此如果利用媒體刊登性交易訊息不涉未滿十八歲之人，似無加以處罰的必要。不過，目前司法實務上都認為，鑑於各種媒體上色情廣告泛濫，助長淫風，且因廣告內容通常不記載被引誘對象之年齡，而特設處罰規定，並非僅以未滿十八歲之兒童、少年為保護對象。又自條文之比較觀之，本條並無如同條例第22條至第27條明定以未滿十八歲或未滿十六歲，或十六歲以上未滿十八歲之人為性交易對象，且第37條亦規定：對十八歲以上之人犯第24條之罪者，依本條例規定處罰。即兒童及少年性交易防制條例第29條本條所稱之「人」不以未滿十八歲為限。

第二個爭執在於，許多案件偵破後，被告辯稱尚未實際從事

性交易就被查獲，而八十八年六月二日修法前，兒童及少年性交易防制條例第29條的規定，是以廣告物、出版品、廣播、電視、電子訊號、電腦網路或其他媒體，散布、播送或刊登足以引誘、媒介、暗示或其他「使人為性交易」之訊息者，依照罪刑法定主義之從嚴解釋之本旨，必須行為人有以媒體廣告為引誘、媒介、暗示等方法，使接受該廣告之人因而發生性交易之結果為要件，始成立本罪。不過兒童及少年性交易防制條例第29條的立法原意，旨在處罰利用媒體刊登或播送足以引誘他人為性交易之廣告者，藉以防止助長淫風，淨化社會風氣，其所欲規範之對象，並非為性交易之人，為了避免爭議，兒童及少年性交易防制條例在八十八年六月二日修正第29條的規定，以廣告物、出版品、廣播、電視、電子訊號、電腦網路或其他媒體，散布、播送或刊登足以引誘、媒介、暗示或其他「促使人為性交易」之訊息者。也就是說，依現行條文，兒童及少年性交易防制條例第29條的犯罪不需以有性交易之結果為成立之要件。

目前司法實務上關於兒童及少年性交易防制條例第29條較常見的爭執並不是法律條文的解釋，而是具體事實的認定，在媒體上所刊登的廣告「究竟有無足以引誘、媒介、暗示或促使人為性交易之事實」? 成為訴訟上攻防的重點，最高法院就曾對「辣妹兼職熱情服務」、「個人護膚，早十時起至凌晨，預約電話」等廣告用語是否足以引誘、媒介、暗示或促使人為性交易有過質疑，但也有許多法界人士認為兒童及少年性交易防制條例第29條包括暗示促使人為性交易，既稱「暗示」即非以明示方式而得此性交易之訊息，凡一般稍具社會經驗者依廣告內容，足以引發性交易之聯想即屬之，否則該條文將形同具文。無論如何，這是屬於個案具體事實的認定問題。

相關法規

刑法

第227條

對於未滿十四歲之男女為性交者，處三年以上十年以下有期徒刑。

對於未滿十四歲之男女為猥褻之行為者，處六個月以上五年以下有期徒刑。

對於十四歲以上未滿十六歲之男女為性交者，處七年以下有期徒刑。

對於十四歲以上未滿十六歲之男女為猥褻之行為者，處三年以下有期徒刑。

第一項、第三項之未遂犯罰之。

第231條

意圖使男女與他人為性交或猥褻之行為，而引誘、容留或媒介以營利者，處五年以下有期徒刑，得併科十萬元以下罰金。以詐術犯之者，亦同。

以犯前項之罪為常業者，處一年以上七年以下有期徒刑，得併科三十萬元以下罰金。

公務員包庇他人犯前二項之罪者，依各該項之規定加重其刑至二分之一。

第231-1條

意圖營利，以強暴、脅迫、恐嚇、監控、藥劑、催眠術或其他違反本人意願之方法使男女與他人為性交或猥褻之行為者，處七年以上有期徒刑，得併科三十萬元以下罰金。

媒介、收受、藏匿前項之人或使之隱避者，處一年以上七年以下有期徒刑。

以犯前二項之罪為常業者，處十年以上有期徒刑，得併科五十萬元以下罰金。

公務員包庇他人犯前三項之罪者，依各該項之規定加重其刑至二分之一。

第一項之未遂犯罰之。

第233條

意圖使未滿十六歲之男女與他人為性交或猥褻之行為，而引誘、容留或媒介之者，處五年以下有期徒刑、拘役或五千元以下罰金。以詐術犯之者，亦同。

意圖營利犯前項之罪者，處一年以上七年以下有期徒刑，得併科五萬元以下罰金。

社會秩序維護法

第80條

有左列各款行為之一者，處三日以下拘留或新臺幣三萬元以下罰鍰：

一　意圖得利與人姦、宿者。

二　在公共場所或公眾得出入之場所，意圖賣淫或媒合賣淫而拉客者。

前項之人，一年內曾違反三次以上經裁處確定者，處以拘留，得併宣告於處罰執行完畢後，送交教養機構予以收容、習藝，期間為六個月以上一年以下。

兒童及少年性交易防制條例

第22條

與未滿十六歲之人為性交易者，依刑法之規定處罰之。

十八歲以上之人與十六歲以上未滿十八歲之人為性交易者，處一年以下有期徒刑、拘役或新臺幣十萬元以下罰金。

中華民國人民在中華民國領域外犯前二項之罪者，不問犯罪地之法律有無處罰規定，均依本條例處罰。

第23條

引誘、容留、媒介、協助、或以他法，使未滿十八歲之人為性交易者，處一年以上七年以下有期徒刑，得併科新臺幣一百萬元以下罰金。

意圖營利而犯前項之罪者，處三年以上十年以下有期徒刑，應併科新臺幣五百萬元以下罰金。

以犯前項之罪為常業者，處五年以上有期徒刑，應併科新臺幣一千萬元以下罰金。

收受、藏匿前三項被害人或使之隱避者，處一年以上七年以下有期徒刑，得併科新臺幣三十萬元以下罰金。
為前項行為之媒介者，亦同。
第一項、第二項、第四項及第五項之未遂犯罰之。

第29條

以廣告物、出版品、廣播、電視、電子訊號、電腦網路或其他媒體，散布、播送或刊登足以引誘、媒介、暗示或其他促使人為性交易之訊息者，處五年以下有期徒刑，得併科新臺幣一百萬元以下罰金。

七、網路援交

案例

皮球大學畢業後，因準備服役而整日無所事事，常流連在色情網站中，某日一時興起，透過國內某一入口網站進入名為「日本活春宮」的色情網站留言板上留言：「我是竹科工程師，年薪四百萬，多金有車。有誰願意以五千元與我援交。」並留下電話及電子信箱。另有人在網際網路留言板上刊登：「我是艋南，今年二十一歲，175cm，75kg，家住臺北市，因為缺錢，所以想被援助，可以配合您想要作任何事，北市女來電：09××××××××」，是否涉法？

解析

援助交際一詞起源於日本，有些上了年紀或一些想擁有年輕女友的男性，以交易性質，按月／星期／日／次給高中女生錢，她們負責讓客人開心，可能陪他們逛街、看電影、吃飯、唱KTV，更有些會提供「特別服務」，她們用青春「援助」中年男人排遣寂寞，用「交際」行為換得金錢，可說是色情交易的代名詞。

在網際網路發達的今日，透過「網路援交」，也就是以網路留言板、聊天室留言表示欲援交的訊息，變成主要管道。這樣的行為可能違反了前面提到的「兒童及少年性交易防制條例」第29條「以廣告物、出版品、廣播、電視、電子訊號、電腦網路或其他媒體，散布、播送或刊登足以引誘、媒介、暗示或其他促使人為性交易之訊息者，處五年以下有期徒刑，得併科新臺幣一百萬元以下罰金」。不過也有人持反對見解，認為所謂「使人為性交易之訊息者」，並不包括使人與自己性交易之情形，應該不觸法。

認為「使人為性交易之訊息者」，並不包括使人與自己性交易之情形，主要理由是：

1. 兒童及少年性交易防制條例立法目的為保護兒童及少年，不得以渠等為性交易對象。而該條例有關性交易過程中參與之當事人，主要有下列三種：⑴支付金錢、財物等對價者（即所謂之嫖客或買春客）、⑵提供性服務者（即所謂之雛妓）、⑶協助、促成性交易者（包括所謂之老鴇、應召站、女中、司機、保鏢等）；其中法律所處罰之對象者為前述第⑴種人及第⑶種人，而前述第

⑵種人，不論其係自願、被引誘或被脅迫，均視為被害人，並予以安置、輔導。而本條例第23條所處罰之對象均係如前所述第⑶種人之「協助、促成性交易者」，並不包括提供性服務之第⑵種人。故本條例第29條規範之對象，亦應指前述第⑶種人之「協助、促成性交易者」，而非「提供性服務者」。

2.所謂「使人為性交易」，應係指使他人與他人為性交易而言，不包括使人與自己為性交易，此從刑法第231條第1項規定之妨害風化罪要件，對照兒童及少年性交易防制條例第22條第1項規定、同條例第23條第1項規定之文義觀察可知。

3.從立法目的及體系解釋上，該促使人為性交易之訊息應只限於促使人與他人為性交易之訊息，蓋提供性服務者，縱因其已滿十八歲，而不認為其為被害人，其意圖得利與人姦淫或在公共場所或公眾得出入之場所，意圖賣淫而拉客等行為，依社會秩序維護法第80條第1項規定，亦僅將之視為「妨害善良風俗」之行政法上不法行為，而科處拘留或罰鍰，尚無刑法可責性。再者賣淫拉客僅受行政罰之處罰，而刊登引誘人與自己為性交易之廣告，乃一種類似在公共場所或公眾得出入之場所拉客之行為，若認「促使人為性交易之訊息」包括「促使人與自己為性交易之訊息」，無異強以特別刑法處罰之「拉客」行為，有失法益權衡輕重。

相反的，認為「使人為性交易之訊息者」，包括使人與自己性交易之情形，主要理由是：

1.所謂「促使人為性交易」應包括促使人與自己為性交易，因該規定與刑法第231條第1項規定不同，刑法第231條第1項已明確規定須意圖使男女與「他人」為性交或猥褻之行為，兒童及少年性交易防制條例第29條並非規定促使人與「他人」為性交易，自包括促使人與自己為性交易之情形。

2.於大眾傳播媒體刊登促使人為性交易之廣告對於一般民眾之影響力，顯非個人在公共場所拉客之影響力所能及，且在大眾傳播媒體刊登使人與自己為性交易之廣告，對於社會善良風俗之危害與挑起社會大眾（包括未滿十八歲者）從事性交易之動機，與在大眾傳播媒體刊登使人與他人為性交易之廣告無異。

3.如依否定說，則日後所有類似廣告均標明是與自己進行性交易，前開處罰規定勢將形同具文，且此種廣告用語多曖昧不明，除非已查獲嫖客因此一廣告與非刊登廣告者進行性交易，否則嫌犯到案只要辯解是促使人與自己性交易，則本條處罰規定即無適用之餘地，換言之，本條處罰規定可能在已經實際發生有性交易存在時始有適用之餘地，將有違本條規定意在斷絕一般人藉由大眾傳播媒體獲取性交易管道之立法本意。

上面對於兒童及少年性交易防制條例第29條所謂「使人為性交易之訊息者」，是否包括使人與自己性交易之情形的討論，曾經在臺灣高等法院暨所屬法院九十年法律座談會由臺灣士林地方法院提案討論，目前法界人士多傾向採肯定見解，也就是說，只要以廣告物、出版品、廣播、電視、電子訊號、電腦網路或其他媒體，散布、播送或刊登足以引誘、媒介、暗示或其他促使人為性交易之訊息者，無論是促使自己或促使他人為性交易，都會構成兒童及少年性交易防制條例第29條的犯罪，網友不可不慎。

兒童及少年性交易防制條例

第29條

以廣告物、出版品、廣播、電視、電子訊號、電腦網路或其他媒體，散布、播送或刊登足以引誘、媒介、暗示或其他促使人為性交易之訊息者，處五年以下有期徒刑，得併科新臺幣一百萬元以下罰金。

第30條

公務員或經選舉產生之公職人員犯本條例之罪，或包庇他人犯本條例之罪者，依各該條項之規定，加重其刑至二分之一。

第33條

廣告物、出版品、廣播、電視、電子訊號、電腦網路或其他媒體，散布、播送或刊登足以引誘、媒介、暗示或其他促使人為性交易之訊息者，由各目的事業主管機關處以新臺幣五萬元以上六十萬元以下罰鍰。

新聞主管機關對於違反前項規定之媒體，應發布新聞並公告之。

第34條

犯第二十二條至第二十九條之罪，經判刑確定者，主管機關應公告其姓名、照片及判決要旨。

前項之行為人未滿十八歲者，不適用前項之規定。

第35條

犯第二十二條至第二十九條之罪，經判決確定者，主管機關應對其實施輔導教育；其輔導教育辦法，由主管機關定之。

不接受前項輔導教育或接受之時數不足者，處新臺幣六千元以上三萬元以下罰鍰；經再通知仍不接受者，得按次連續處罰。

八、網路聊天室內的情色

案例

警員化名ㄚ杰，在某大網路公司網站聊天室「今晚可以陪我ㄇ」之主題聊天室內，點選化名「安娜」之甲女，與甲女進行「悄悄話」聊天，經雙方以「安娜：晚上有空」、「ㄚ杰：妳是找援ㄇ(是) 一次多少錢(3000)妳多高多重(160/56) how old (26)有援過ㄇ(有) 那要怎麼聯絡(09××××××××)那明天中午我打電話給妳好了 (嗯OK)」達成援交之合意，於約定時間為警方當場查獲，甲女並坦承曾以此方式與不特定人完成過數次性交易，甲女是否構成兒童及少年性交易防制條例第29條之犯罪？(案例來源：《法務通訊》第二一四二期)

解析

前面提到的「兒童及少年性交易防制條例」第29條「以廣告物、出版品、廣播、電視、電子訊號、電腦網路或其他媒體，散布、播送或刊登足以引誘、媒介、暗示或其他促使人為性交易之訊息者，處五年以下有期徒刑，得併科新臺幣一百萬元以下罰金」。這個條文中關於散布、播送或刊登的媒體，雖然包括了「電腦網路」，但是網路上的使用態樣眾多，尤其人際關係的互動有留言板、聊天室、即時通訊、討論區、社群，而這些網路互動有公開的也有不公開的。在公開的網路討論空間散布、播送或刊登色情交易資訊，固然違反兒童及少年性交易防制條例第29條的犯罪，但是如果是在網路聊天室以私密對話方式進行，是否違法，就有討論的空間，臺灣士林地方法院檢察署在九十二年間就針對本案案例進行座談，當時有二種看法：

一、肯定說

理由：刑法上所謂「散布」，乃擴散傳布於公眾之意，包括一次擴散傳布於不特定人或特定多數人，或雖一次僅散布於一人，然於一段時間內反覆為之，且對象為不特定人或特定多數人，亦屬「散布」之行為。本案甲女經由網路聊天室之聊天過程，達成援交之目的，雖每次聊天之對象僅為一人，然其曾利用此方式與不特定人完成過數次性交易，顯見甲女曾在多次聊天過程中散布性交易之訊息予不特定人，是甲女所為雖與公開「刊登」之行為要件不符，卻與「散布」之行為要件相當，甲女應構成該條「在電腦網路上散布足以引誘、媒介、暗示或其他促使人為性交易訊息」之犯罪。

二、否定說

理由：在網際網路之聊天室裡，任一參與之成員雖均可經由點選而進入「悄悄話」，惟被點選後即成為一對一之聊天狀態，其他人在網路上無法知悉二人聊天內容，自無多數人同時藉由電腦網路與被告在「悄悄話」對談之可能。且「今晚可以陪我ㄇ」之聊天室主題，此文字之記載，外觀上並無使一般民眾閱讀此主題，即可確知係與性交易有關。甲女所為，自與在電腦網路上散布、播送或刊登足以引誘、媒介、暗示或其他促使人為性交易訊息之構成要件不符。

當時臺灣士林地方法院檢察署討論意見及決議都採否定說，臺灣高等法院檢察署研究意見及法務部研究意見也採否定說，法務部並認為，按兒童及少年性交易防制條例第29條規定，係以行為人利用廣告物、出版品、廣播、電視、電子訊號、電腦網路或其他媒體，散布、播送或刊登足以引誘、媒介、暗示或其他促使人為性交易之訊息者始足當之，考其立法目的，以此等行為足以使不特定人或特定多數人得以閱知該訊息而為性交易之行為，破壞社會善良風俗，其可罰性甚為顯著，此與網際網路聊天室之「悄悄話」僅供一對一之特定人相互對談，他人無法知悉二人聊天內容之情形有別，是其所傳布性交易之訊息既未達不特定人或特定之多數人可得而知之狀態，自與該罪之構成要件有間。

值得注意的是，前面的討論中認為「今晚可以陪我ㄇ」之聊天室主題，此文字之記載，外觀上並無使一般民眾閱讀此主題，即可確知係與性交易有關，所以不致觸法；從反面觀察，如果聊天室主題記載「援交」、「性與金錢」等足使一般人確知係與性交易有關者，是否仍然免責，即有疑問。另外，如果在聊天室內不是使用「悄悄話」功能，而是直接在公開交談區中討論色情交易，或是在公開交談區散布引誘他人為性交易的訊息（例如：需要援助請密談），所傳布性交易之訊息已達不特定人或特定之多數人可得而知之狀態，再使用「悄悄話」功能討論，仍然可能構成兒童及少年性交易防制條例第29條的犯罪。近來在網路上尋找色情交易者眾多，因而觸法者眾，先不討論其行為動機或社會因素，竟然有許多觸法者雖任職教師、醫生、工程師等，然均聲稱不知張貼尋求色情援交訊息係屬違法，令人詫異，實值深思。

刑法

第16條

不得因不知法律而免除刑事責任。但按其情節，得減輕其刑；如自信其行為為法律所許可而有正當理由者，得免除其刑。

九、在拍賣網站中販賣色情光碟

案例

柳惠平日喜歡瀏覽色情網站，在網路上下載許多色情電影及圖片，為保存需要又燒錄成光碟，且與網友交流交換了許多成人色情影片，最近因準備結婚，決定處理這些色情光碟，於是柳惠利用現在最熱門的拍賣網站出售上開色情光碟，柳惠的行為是否違法？

解析

在網路世界中，色情網站的瀏覽率一直居高不下，色情資訊的傳播也透過電子郵件、討論區、網站等極度擴散，一般個人無論基於好奇或興趣收集色情資訊，如僅供自己欣賞觀看，除了道德或教育的非難外，基本上不會有違法的問題。不過，如果不是個人收集，更進一步散布、播送或販賣猥褻之文字、圖畫、聲音、影像或其他物品，或公然陳列，或以他法供人觀覽、聽聞的情形，依刑法第235條的規定，可處二年以下有期徒刑、拘役或科或併科三萬元以下罰金，意圖散布、播送、販賣而製造、持有前項文字、圖畫、聲音、影像及其附著物或其他物品者，亦同。

無論是在夜市販賣或是在報紙上、網路上刊登廣告販賣色情光碟，都是典型的刑法第235條犯罪，架設色情網站提供猥褻之文字、圖畫、聲音、影像供人觀覽、聽聞，或是部分販賣情趣用品的網站，都有可能構成刑法第235條犯罪。甚至網站本身雖不提供猥褻之文字、圖畫、聲音、影像供人觀覽、聽聞，但是利用超連結，將各該載有猥褻影像之網站名稱，列入其所屬之網站內，供人點選，法院也曾認為這種行為可以看得出來係有意以此方法供人觀覽其所搜集之各國情色網址內之猥褻影像，也構成刑法第235條第1項的犯罪。

前面提到的色情訊息，如果是涉及未滿十八歲之人，更是嚴重犯罪行為，依兒童及少年性交易防制條例第27條規定，拍攝、製造未滿十八歲之人為性交或猥褻行為之圖畫、錄影帶、影片、光碟、電子訊號或其他物品者，處六個月以上五年以下有期徒刑，得併科新臺幣五十萬元以下罰金。意圖營利犯前項之罪者，處一年以上七年以下有期徒刑，應併科新臺幣五百萬元以下罰金。引誘、媒介或以他法，使未滿十八歲之人被拍攝、製造性交或猥褻行為之圖畫、錄影帶、影片、光碟、電子訊號或其他物品者，處一年以上七年以下有期徒刑，得併科新臺幣一百萬元以下罰金。以強暴、脅迫、藥劑、詐術、催眠術或其他違反本人意願之方法，使未滿十八歲之人被拍攝、製造性交或猥褻行為之圖畫、錄影帶、影片、光碟、電子訊號或其他物品者，處五年以上有期徒刑，得併科新臺幣三百萬元以下罰金。而散布或販賣前開拍攝、製造之圖畫、錄影帶、影片、光碟、電子訊號或其他物品、或公然陳列，或以他法供人觀覽者，依兒童及少年性交易防制條例第28條規定，處三年以下有期徒刑，得併科新臺幣五百萬元以下罰金，刑度也比刑法第235條來得重。

本案例中柳惠雖然只是個色情影片的愛好者，販賣色情光碟也只是「業餘」，動機是清理私人物品，但卻是法律所不容許的行為，原則上構成刑法第235條的犯罪，如果色情光碟中有未滿十八歲之人被拍攝的影片，更將觸犯兒童及少年性交易防制條例第28條，不可不慎。

另一值得討論的問題是前開所稱「猥褻」的定義為何？這在司法實務上引發的爭議最大，舉凡AV女優寫真集、性教育圖片教學、性器官部位均以馬賽克處理之色情光碟片、學術網站含有人獸性交圖片等，都必須要依具體個案判斷，司法院大法官釋字第407號解釋即提出猥褻乃指「一切在客觀上，足以刺激或滿足性慾，並引起普通一般人羞恥或厭惡感而侵害性的道德感情，有礙於社會風化」，而猥褻出版品與藝術性、醫學性、教育性等出版品之區別，應「就出版品整體之特性及其目的而為觀察，並依當時之社會一般觀念定之」，又有關風化之觀念，「常隨社會發展、風俗變異而有所不同，不能一成不變」。以下相關法規欄中介紹一則臺灣高等法院刑事判決，該判決對於「猥褻」提出的看法，頗值參考，不過請讀者注意，出版品記載之圖文是否已達猥褻程度，仍由法官於審判時就具體案情，依其獨立確信之判斷，認定事實，適用法律，因此法官的觀念對於個案判斷結果當有重要影響。

相關法規

刑法

第235條

散布、播送或販賣猥褻之文字、圖畫、聲音、影像或其他物品，或公然陳列，或以他法供人觀覽、聽聞者，處二年以下有期徒刑、拘役或科或併科三萬元以下罰金。

意圖散布、播送、販賣而製造、持有前項文字、圖畫、聲音、影像及其附著物或其他物品者，亦同。

前二項之文字、圖畫、聲音或影像之附著物及物品，不問屬於犯人與否，沒收之。

臺灣高等法院87年度上易字第5088號刑事判決要旨

按刑法第二百三十五條之販賣猥褻物品等罪所稱之「猥褻」一詞，係一抽象不確定之法律概念，其定義、界限及判斷，會隨時代之演變、風俗之變易、及閱者地域、生活背景之差異，而有所不同。惟本於該罪係屬妨害風化之犯罪，其立法目的應在於保護社會善良風俗，防止破壞性道德之意旨，所謂「猥褻」一詞，當係指其內容不僅在客觀上足以刺激或滿足人之性慾，且亦會使普通一般人產生厭惡或羞恥之感，而侵害性的道德感情，依一般社會通念，足認有傷於社會風俗者而言（司法院大法官釋字第四〇七號解釋理由參考）。猥褻文字、圖畫，與藝術性、醫學性、教育性、乃至於單純

娛樂休閒性文字、圖畫之區別，應就其內容整體之特性及目的而為觀察，基於尊重憲法第十一條保障人民言論出版自由之本旨，兼顧善良風俗及青少年身心健康之維護，依當時之一般社會觀念決定之；而非謂一切在客觀上足以刺激、滿足人之性慾之文字或圖畫，均可謂之「猥褻」。蓋如非以噁心、下流或刻意強調之方式描寫、攝影性器官或性行為，則單純之刺激性慾，既與他人無涉，對自己亦未必有害，甚且或提供一般民眾有正常之性慾宣洩管道，則何來刑罰之可罰性。又所謂社會觀念，亦應係以一般普通人之感受及反應決定之，而非以特別敏感或道德高尚者之感覺為斷；並應顧及成年人及青少年不同之感受，若仍單純以傳統之是否足以刺激或滿足人之性慾為「猥褻罪」定義之判斷標準，姑不論是否足以刺激或滿足人之性慾，或會因人而異；且率以如此涵蓋範圍寬廣之標準評斷「猥褻」罪之構成，而未考慮猥褻罪係屬性道德之犯罪，則無異於利用公權力強制倡導「禁慾主義」，將執政或有權評斷者自我高尚之道德思想或喜好，以刑罰手段強施於未必具有相同觀念之一般社會大眾，實有以教條式或壓抑式言論之灌輸，管制人民性思想之虞，亦與憲法保障人民言論出版自由（含接近使用媒體及接受資訊之自由權利）之旨趣相違，自不足採。系爭「小○圓寫真集」，依現今一般社會觀念，尚難認屬猥褻圖畫，被告縱有陳列販售，亦難論以販賣猥褻圖畫罪責。

十、在網路散布色情圖片或影片

案例

長庚蹓鳥俠因與同學打賭，依約定在校園裸奔，但裸奔畫面被同學拍攝下來，並至校園網路及各網站張貼公布，終引起校方不滿與社會關切，這個案例中，是否有違反刑法之處？

解析

臺灣社會一向屬保守的社會，雖偶有大膽激進言行，又雖現今人民觀念進步，但對於身體裸露或開放性觀念，總是會引起大眾討論及關心，儘管這些討論未必帶著譴責或非難的眼光，不過當事人所面臨的壓力可不小。

我國刑法規定有公然猥褻罪，即刑法第234條規定「意圖供人觀覽，公然為猥褻之行為者，處一年以下有期徒刑、拘役或三千元以下罰金。意圖營利犯前項之罪者，處二年以下有期徒刑、拘役或科或併科一萬元以下罰金」。一般司法實務上認為，所謂的「公然」，指有不特定人或多數人得以共見共聞之狀況而言。所謂猥褻，指姦淫以外有關風化之一切色慾行為而言，司法院大法官釋字第407號解釋更提出猥褻乃指「一切在客觀上，足以刺激或滿足性慾，並引起普通一般人羞恥或厭惡感而侵害性的道德感情，有礙於社會風化」。脫衣舞的表演、馬路旁邊檳榔西施太過清涼的裝扮、暴露狂當街對女子暴露下體等，通常都會被認為是公然猥褻，現在興起的網路視訊，如果是以公開方式裸露或為猥褻行為，都有可能構成公然猥褻罪。

不過，「猥褻」的觀念，並非一成不變，早年民風淳樸，婦女穿著無袖衣服或迷你裙可能就引人側目，但在今天社會，「乳溝妹」、「股溝妹」比比皆是，無足為奇，因此是否構成公然猥褻行為，必須依當時實際情況，視社會對於善良風俗之評價尺度如何及在客觀上是否足以興奮或滿足觀眾之性慾而定。長庚蹓鳥俠因與同學打賭輸了，依約定在校園裸奔，主觀上跟客觀上也許並不是要滿足自己或觀眾的性慾，依當時情形，恐怕好玩及看熱鬧的成分居多，依現實狀況而言，是否構成公然猥褻罪是有問題，而且依筆者觀點，學生胡鬧嬉戲，縱有觸法，與偷摘校園內一朵無名小花一樣，亦無可罰的違法性，實毋庸追究其刑責。

另外，許多人討論到把蹓鳥俠裸奔畫面公布在網站上的人，其行為是不是構成犯罪，許多法界人士認為這種行為是屬於刑法第235條「散布、播送或販賣猥褻之文字、圖畫、聲音、影像或其他物品，或公然陳列，或以他法供人觀覽、聽聞者，處二年以下有期徒刑、拘役或科或併科三萬元以下罰金」。其實這個問題還是牽涉到「猥褻」的定義，如果像前面所說的，長庚蹓鳥俠裸奔只是胡鬧嬉戲，一般人看了也不會有興奮或滿足性慾的情形，則該影片有何猥褻可言?

不過許多「網路自拍」的裸露圖片，除了臉孔不露外，什麼都露，在客觀上被認為足以興奮或滿足觀眾性慾的機會就大得多了，如果將之張貼在網站上供大眾觀賞，就很有可能構成刑法第235條的犯罪了，在目前法制對色情言論管制並非完全放棄的情形，年輕網友在網路的分享行為宜謹慎處理。

憲法

第11條

人民有言論、講學、著作及出版之自由。

第23條

以上各條列舉之自由權利，除為防止妨礙他人自由、避免緊急危難、維持社會秩序，或增進公共利益所必要者外，不得以法律限制之。

刑法

第234條

意圖供人觀覽，公然為猥褻之行為者，處一年以下有期徒刑、拘役或三千元以下罰金。

意圖營利犯前項之罪者，處二年以下有期徒刑、拘役或科或併科一萬元以下罰金。

第235條

散布、播送或販賣猥褻之文字、圖畫、聲音、影像或其他物品，或公然陳列，或以他法供人觀覽、聽聞者，處二年以下有期徒刑、拘役或科或併科三萬元以下罰金。

意圖散布、播送、販賣而製造、持有前項文字、圖畫、聲音、影像及其附著物或其他物品者，亦同。

前二項之文字、圖畫、聲音或影像之附著物及物品，不問屬於犯人與否，沒收之。

第四章

網路著作權
及其他智慧財產權

一、著作權原則的基本認識

案例

網路最為人津津樂道的是提供了一個寬廣的創意發表園地，而網路上最常見的爭議也跟創意的形成、傳遞、複製、接受有關，尤其是著作權的爭議，更是困擾著網友，究竟著作權制度的目的為何？著作權就是抓仿冒嗎？

解析

一般人提及著作權，最直接的反應是對抗仿冒、盜版的一種權利，這樣的想法很自然會將著作權法制訂的目的理解為「阻止剽竊行為，以保護作者的權益」，當然，保護作者是著作權法中很重要的目的之一，但這絕不是著作權法所宣示的唯一政策。從歷史的角度觀察，著作權制度的建立，並非單純從保護財產權出發，而是有濃厚的公益政策色彩。以世界上第一部關於著作權的成文法——英國安妮女王法案而言，雖然提出了以保護作者的著作權為中心，但是保護作者權的目的卻在於鼓勵學習及防止書商壟斷，尤其在立法過程與後續爭執中，更顯露出政策對於衡量公益與私益間的抉擇與妥協。

創作者一旦完成其著作，該著作即存於社會，可突破時間與空間的限制，廣為散布、流傳後世，著作或許會被人遺忘，卻不

會如有體物般因自然損耗而消滅，所以理解著作權制度，不可能以傳統物權「所有權絕對原則」的觀念為之，反而應將焦點置於著作權的經濟特性，才能掌握著作財產權保護制度的建立與內容。

經濟學理論在思考何種財產可以由私人擁有時，大多提出公共財與私有財的區分，二者在本質上有二項重要的區分：私有財具獨享性(rival)與可排他性(exclusive)，公共財則具非獨享性(non-rival)與無排他性(nonexclusive)。

所謂獨享性是指該財物被某人消費後，就無法讓他人享用了，例如：一粒蘋果被某甲吃了，其他人就沒得吃了；非獨享性是指一消費者對財物的利用，不會影響該財物對其他消費者的效用，例如：國防軍隊所產生的利益，係全民所共享，並不會因某人的享用而減損其他人利益。所謂可排他性是指該財產若被權利化，較容易行使，即權利人能以較小的成本排除他人使用，例如：權利人只要占有動產即得排除他人使用；無排他性是指很難禁止他人不付代價，坐享其成，例如：位於鬧區的某些商店僱請保全人員於街道巡邏（部分商店則不願付費），則當保全人員出現於該鬧區時所帶來維護安全（嚇阻竊賊）的利益，付費者很難排除未付費者的享用。

私有財具有獨享性（競爭性），應由認定該私有財之價值最高者使用及消費，始符合效率的要求，在自由市場中，私有財的交換會持續進行，直到其被認定價值最高者掌控為止。所以，法律制度若要有效率的配置私有財，應建立明白、清楚的所有權，以降低協商成本，鼓勵（至少不妨礙）私人間對財產的交換。一旦國家界定一私有財產權，該私有財的所有人即可排除他人的消費或使用（除非所有人同意，否則他人不得消費或使用），所有人的排他權會將私有財的使用及消費引導至自願交易的市場，而此自願交易可促使財貨的有效率利用。

公共財的技術性特徵，卻阻礙了私人間用商議的方式來以交易達到效率。例如前面提到鬧區商店雇用警衛的例子，有人願意出錢，有人則否。願意付錢者也許會指示警衛，當那些不付費的人遇劫時，不要提供救援。不過穿著制服的警衛在街頭出現巡邏時，所有人的生活都變安全了，因為壞人不曉得誰付了錢，這使得沒人願意付錢雇用警衛。因為私人提供者無法排除不負擔成本的人使用公共財，所以一般私人較無意願提供公共財，使得市場對公共財的供給過少，導致市場失靈，即不能完全以市場機制決定其供需。

與國防相似的公共財例子還有公園、警察、司法、基礎教育、衛生保健等公共建設或服務，今日最受重視的則是知識、資訊，當然，著作也包括在內，所以若我們說著作具經濟學上公共財性質，意指著作有前開所稱非獨享性（或稱非競爭性）與無排他性的特徵。一件著作不因被一人閱讀而消失，其他人仍得閱讀，即在消費上無獨享性（無競爭性）；而在複製技術先進的今天，著作的複製與傳遞成本大為降低，複製者至少無庸負擔創作成本，即具非排他性，如果這兩個特質無法解決，可能會降低作者的創作意願，書商也可能不願在被人盜印的情形下輕易出版書籍，即發生供給過少的市場失靈。

對於著作市場因著作的技術性特徵所造成的市場失靈，是由於私人供給的著作可能會過少，而著作過少對於國家知識的傳承與文化的累積都有不利的影響，政府為了解決此市場失靈，一般有三種國家介入的方式可以採用：⑴政府自行提供著作。⑵政府對提供著作的學術或研究單位給予金錢補助。⑶制定著作權法，保障著作財產權。

第⑴、⑵種政府介入的方式我們迄今仍然可以看得到，尤其是基礎研究與嚴肅著作在市場機制中不易獲取商業眼光的青睞，作者很難在市場上得利，政府基於國家整體文化的提升與進步，以自行提供或獎助方式增加此類著作。

就第⑶種方式而言，就是前面所提透過界定與監督私人產權，以高效率提供公共財的政府介入，目的在於解決著作市場失靈，而著作市場失靈的原因，則是由於著作的「公共財」的經濟性質所導致。

就著作商品供給過少的市場失靈還可以從印刷產業市場成熟前、後階段來觀察。印刷產業在早期發展時，就有獨占的情形，事實上出版業者一直在爭取建立保障其獨占的法制，而因作者通常將其著作權轉讓給出版社以換取著作發行的機會，著作權法中關於保護作者的財產上利益，通常透過契約的轉讓而由出版社享有。早期印刷產業所面對的環境是固定成本的昂貴與不確定、相關法制與保險的缺乏、產品的不完全及高運輸成本等並不成熟的市場，出版業者為了生產著作產品，必須投入大量的、相同的固定成本，為了償付這些固定成本，出版者當然希望能賣出大量的產品，而且產品的價格不但要涵蓋邊際成本，還要能償還固定成本。然而自由市場的競爭，可能會使價格僅等於邊際成本，使出版者所投入大量的固定成本無法回收，因而降低了出版者投入市場的意願，產生了市場失靈——生產者因為預期將來必然的損失，而放棄生產。為了解決這種市場失靈，就給予生產者（出版者）獨占的保護，使價格不具競爭性，讓出版者得以回收其投入之大量固定成本。

問題是印刷產業市場成熟後，為何仍須有獨占的保護？這個問題即與著作的經濟上公共財性質有關，簡言之，市場上第一個出版者須花費成本取得著作（例如：向作者購買原稿），但隨後的出版者卻能輕易地取得著作物加以複製，並以較低的價格打擊第一個出版者，一想到利益的削減甚至虧損，則沒有人願意成為第一個出版者，這時競爭市場所面臨的是另一種市場失靈——著作供給過少，因此也需要著作權法給予適當的獨占保護。

在討論著作權制度是為了要解決著作供給過少的市場失靈時，更要注意的是，為何要解決此市場失靈？在社會整體的觀點，對於創作者心力（勞力）的付出給予回饋固然符合「一分耕耘一分收穫」、「揮汗播種，含笑收割」的價值觀，但更重要的是，多元著作的提供對整體社會是有幫助的——知識的學習、資訊的吸收、觀念的溝通、理念的分享等等，從這個角度去觀察著作權制度，就較能瞭解保護著作人權益，其實只是國家為了達成文化發展目標的方法而已。

關於著作權制度的建立，現今多從保護作者權益出發，尤其

宣揚保護作者權可使文化資產豐富，且多以創作者努力付出的回饋作為建立著作權制度的理由，常常忽略著作權不是作者或書商「自然權利」，更不是政策的前提，反而是政策。若將著作權視為「自然權利」，則著作權法所關心者，只是權利的範圍及對個人的影響；但若將著作權視為國家政策的工具，則著作權法必須能促進智慧、有效率的著作，以增進社會的福利。

相關法規

著作權法

第1條

為保障著作人著作權益，調和社會公共利益，促進國家文化發展，特制定本法。本法未規定者，適用其他法律之規定。

二、著作權的性質——排他權

案例

許多網站都在首頁標示類似「本網站的圖文享有著作權，不得侵犯」等字語，究竟著作權的內容為何？是否享有著作權就得對著作為任何利用？

解析

延續前面對從著作具經濟學上公共財的性質的討論，繼續觀察著作權的性質，會發現著作權與傳統物權的不同。對於傳統有體物，具經濟學上私有財性質，即具獨享性（競爭性）與排他性，所有人只要占有使用權利標的，幾可排除他人干涉，而物權即給予所有人完全控制該物所有用途的權利，在界定權利內容時則以使用、收益、處分及排除侵害為規範事項；但在具經濟學上公共財性質的著作權，特徵是具非獨享性（非競爭性）與無排他性，且其權利本身無形體，不像有體物有形體可供占有，著作一旦創作完成且公開發表，任何人均可不靠作者的協力使用著作，著作本身也不會因為有多少人使用而消耗。如果決定以法律給予權利的方式保護智慧財產，就應該考慮要用何種方式界定權利內容，若像有體物一樣的給予支配權，強調其使用、收益、處分權能，權利人卻不能依靠占用權利標的排除他人使用，這樣的權利界定顯然不妥；但若將權利內容的認識與界定，側重於賦予權利人適度的市場獨占權，也就是說排除他人進入與該著作特定相同用途的市場，將能真正的使創作者取得該著作財產的市場價值。

著作權制度是為了將著作引入市場機制所建立，著作權內容則以著作的使用方法去界定權利，即著作權是對著作的特定用途的控制權。目前我國著作權法對於著作權區分為著作人格權與著作財產權，前者包括姓名表示權、公開發表權、同一性維持權，屬於對著作人人格的保護；一般市場較重視的是著作財產權，權利人可以藉著著作權控制著作用途，獲取市場的收益，而著作不同的用途會帶來不同的市場收益，我國目前著作權法給予權利人控制十種用途的著作財產權：㈠重製權㈡改作權㈢公開口述權㈣

公開播送權㈤公開上映權㈥公開演出權㈦公開展示權㈧公開傳輸權㈨散布權㈩出租權；其他不屬於法定權利範圍的用途，則屬社會大眾所有，著作權人無法禁止。且前開權利所重視的是排他權，而非傳統物權的積極使用、收益、處分權，例如：錄音著作的出租權（著作權法第29條第1項及第60條第1項但書）是指錄音著作的權利人「有權禁止」他人出租所擁有的錄音產品，而非指錄音著作的權利人「有權出租」所擁有的錄音產品。

在以建立明確且具執行力的財產權制度，作為解決因著作具有經濟學上公共財特質所造成的市場失靈時，強調著作權內容為排他權，是一項重要的認識，否則仍以傳統物權的積極權能理解著作權制度，將難清楚掌握著作權制度的目標何在。再從著作權制度建立目的在於達成國家文化發展（保護著作人權益是手段）觀察，著作權內容自不得有害於國家文化發展，而對於著作權權利限制的認識，當然是以公益保障為最高指導原則。

著作權法

著作財產權的內容	著作種類	定義
重製權 第22條 著作人除本法另有規定外，專有重製其著作之權利。 著作人專有以錄音、錄影或攝影重製其表演之權利。	所有著作	第3條第5款 重製：指以印刷、複印、錄音、錄影、攝影、筆錄或其他方法有形之重複製作。於劇本、音樂著作或其他類似著作演出或播送時予以錄音或錄影；或依建築設計圖或建築模型建造建築物者，亦屬之。

公開口述權 第23條 著作人專有公開口述其語文著作之權利。	語文著作	第3條第6款 公開口述：指以言詞或其他方法向公眾傳達著作內容。
公開演出權 第26條 著作人除本法另有規定外，專有公開演出其語文、音樂或戲劇、舞蹈著作之權利。 著作人專有以擴音器或其他器材公開演出其表演之權利。但將表演重製或公開播送後再以擴音器或其他器材公開演出者，不在此限。	語文著作、音樂著作、戲劇著作、舞蹈著作	第3條第9款 公開演出：指以演技、舞蹈、歌唱、彈奏樂器或其他方法向現場之公眾傳達著作內容。以擴音器或其他器材，將原播送之聲音或影像向公眾傳達者，亦屬之。
公開上映權 第25條 著作人專有公開上映其視聽著作之權利。	視聽著作	第3條第8款 公開上映：指以單一或多數視聽機或其他傳送影像之方法於同一時間向現場或現場以外一定場所之公眾傳達著作內容。
公開播送權 第24條 著作人專有公開播送其著作之權利。但將表演重製或公開播送後再公開播送者，不在此限。	所有著作	第3條第7款 公開播送：指基於公眾接收訊息為目的，以有線電、無線電或其他器材，藉聲音或影像向公眾傳達著作內容。由原播送人以外之人，以有線電或無線電將原播送之聲音或影像向公眾傳達者，亦屬之。
公開展示權 第27條 著作人專有公開展示其未發行之美術著作或攝影著作之權利。	美術著作、攝影著作	第3條第13款 公開展示：指向公眾展示著作內容。

改作、編輯權 第28條 著作人專有將其著作改作成衍生著作或編輯成編輯著作之權利。但表演不適用之。	所有著作	第3條第11款 改作：指以翻譯、編曲、改寫、拍攝影片或其他方法就原著作另為創作。
出租權 第29條 著作人專有出租其著作之權利。但表演不適用之。 第60條 合法著作重製物之所有人，得出租該重製物。但錄音及電腦程式著作之重製物，不適用之。 附含於貨物、機器或設備之電腦程式著作重製物，隨同貨物、機器或設備合法出租且非該項出租之主要標的物者，不適用前項但書之規定。	錄音著作及電腦程式著作	民法第421條 稱租賃者，謂當事人約定，一方以物租與他方使用、收益，他方支付租金之契約。
公開傳輸權 第26-1條 著作人除本法另有規定外，專有公開傳輸其著作之權利。 表演人就其經重製於錄音著作之表演，專有公開傳輸之權利。	所有著作	第3條第10款 公開傳輸：指以有線電、無線電之網路或其他通訊方法，藉聲音或影像向公眾提供或傳達著作內容，包括使公眾得於其各自選定之時間或地點，以上述方法接收著作內容。
散布權 第28-1條 著作人除本法另有規定外，專有以移轉所有權之方式，散布其著作之權利。 表演人就其經重製於錄音著作之表演，專有以移轉所有權之方式散布之權利。	所有著作	第3條第12款 散布：指不問有償或無償，將著作之原件或重製物提供公眾交易或流通。

三、網路對著作權制度的衝擊

宲例

王教授教學著述多年，在網路時代來臨前即已著作等身，並與固定出版社簽訂出版契約，收取報酬，網路興起後，他發現除了原來出版社出版紙本印刷作品外，也有其他出版社找王教授洽談有聲書、電子書等，更有學生協助王教授架設網站，出版電子報，王教授覺得好像未來有一天他可以不需要出版社，也可以使自己的想法理念流傳了。

解析

印刷術建立印刷產業，印刷產業將作者從皇室或教會的束縛中解放，使作者的創作不再以贊助者的立場與喜好為取向，瓦解了教會或皇室對知識的創造與散布的掌控，作者有了依個人理念發揮的空間，一般大眾也因而得獲取大量的知識，使文明進步迅速。印刷技術徹底改變了知識的創作、散布與使用的結構，但並不是一有印刷技術就有著作權的發展，全世界第一部關於著作權的成文法是英國在一七〇九年制定的安妮女王法案，當時距英國以印刷機印出英國本土第一本書籍時已超過二百三十年了。

英國的印刷事業，由卡克斯頓(Caxton, William)引進，他在一四七一年至一四七二年到德國科隆學習印刷術，一四七六年回到

英國，當年年底他在西敏寺的救貧院內裝設木版印刷機，這是英國最早的印刷廠，一四七七年他印出了英國本土的第一本印刷書籍《先哲論道》(*Dictes or Sayengis of the Philosophres*)，此後英國的印刷產業就此展開。在印刷術引進英國之後，書商及出版商的利益與政府檢查出版品制度相結合，使書商及出版商享有長期的書籍出版壟斷權。一七〇九年英國制定安妮女王法案（一七一〇年施行)，這是第一次法律賦予作者對著作的權利，對作者確實是有益處的，而且由法律明示保護作者是立法目的之一，對提升作者在著作權市場的地位有獨特的意義。以往的書籍出版市場，主要操控人物是印刷出版商或書商，這是因為印刷技術的掌握需要很大的成本，而在著作的複製、發行、流通上如果不是由政府來進行，幾乎都需要資本家才有資力能完成，所以要想讓著作問世，不是作者完成著作就行了，如果出版商不願幫作者發行，再好的作品也只能在少數人間流傳或甚至任其束之高閣。在作者與書商協商談判間一直依靠的都是契約法則，需雙方都能接受契約條件，契約始能成立，表面上看起來契約的訂立是平等的，作者的權益並不會受到侵害；但事實上具備經濟優勢者是書商，掌控是否或如何出版大權的也是書商，決定利益分配方法的更是書商，作者似乎僅能決定要不要把作品交出而已。這樣的情形其實不會因為安妮女王法案的施行有太大的差別，因為作者在考量現實的壓力後，很有可能還是將屬於自己的著作權賣給書商，而換取報酬；表面上看來，安妮女王法案是為著作人的利益所制定，但當時主要得利者卻是書商，因為將著作印製成書本需花費大量的成本(排版、印刷、校對、行銷等），一般作者不太可能有獨力出版其著作的能力，作者為了取得其創作之實質報酬，必須將著作權轉讓給有出版能力的書商，否則若書商不願將著作印製成書，作者將無任何收益可言，所以著作人與書商間受著作權法的影響不大，反而仍以契約法則支配彼此間的權利義務。安妮女王法案後，書商仍然可以從作者處受讓著作權，取得法律保護，得以排除市場競爭者，成為最大贏家。儘管如此，畢竟安妮女王法案直接揭示作者權觀念，在法律上這個權利是屬於作者的，從長遠看來，此觀念可能會有助於提升作者與書商間協商的地位，至少從作者的角度觀察，書商必須取得作者的同意才能出版著作，也就是說，在書籍交易市場中，作者找到了比較有利的談判立場，這有助於作者獲致合理的經濟地位。直到今日世界各國的著作權法制，都是以直接保護作者的著作權為出發，在現實世界中，雖然大型文化企業還是實質上掌控資源，並獲取大部分的利潤，但也確實出現了以寫作為職業的作家，而且受讀者歡迎的暢銷作家在出版市場上的地位極其優越，明顯的看出屬於作者的著作權發揮了功用。

依國內智慧財產權法權威鄭中人教授的看法，我們觀察以印刷技術為核心發展的著作權市場，著作可依其表達媒體分為三大類：1. 以文字表達的文學著作；2. 以聲音或肢體動作表達的音樂、戲劇、舞蹈或電影等； 3. 以符號表達的圖畫或美術、雕刻等。這三類著作的區別在於散布方式不同，文學著作以印刷製作成書本，以販賣等移轉著作物的方式供讀者閱讀；以聲音或肢體動作表達的音樂、戲劇、舞蹈或電影等以現場表演或演奏或以廣播或電視播送供觀眾、聽眾聆聽觀看；美術、雕刻則以原件展示方法供人觀賞。

文學著作之作者完成著作後交由出版人編排印刷，製成一本一本的著作物，經由行銷管道，或由書店或郵購賣給讀者閱讀，在這個過程中涉及的步驟有寫作、印刷（即複製或重製著作）、行銷（販賣或贈與著作物），以及讀者的閱讀使用。在這一連串過程中，出版相關產業關注的當然是複製或重製行為，因為這是企業投入最多固定成本的地方，而可以將一份原稿印製成千萬份，也是著作市場的重要經濟關鍵。所以著作權法給予著作權人控制複製或重製著作的權利。

音樂或戲劇、舞蹈、電影等著作，作者以符號表達印製成樂譜、舞譜、劇本，其銷售對象主要是表演藝術家，再經由表演藝術家的表演或演奏，將之還原成聲音或肢體動作的原貌，一般社會大眾才能觀看欣賞。換言之，此類作者必須假手表演藝術家之表演才能將以符號表示的聲音或舞蹈還原，才能間接地與社會大眾溝通。此與文學作家或美術雕刻等藝術家經由其著作物原件或複製物展示即能直接與社會大眾溝通，完全不同。音樂或戲劇、舞蹈、電影等著作之作者必須有控制表演人公開表演或演奏的權利，否則無法取得消費者給予其著作的市場價值。所以此類著作之著作有複製權與公開表演權。當廣播與電視技術相繼問世並商業化後，表演人的表演除供少數人現場觀賞外，更可以將其表演播送到現場以外供大多數的人收看；廣播或電視使原本付不起看現場表演的所得較低的人能欣賞，因應這項市場的擴大，並增加著作的市場價值，則賦予作者公開播送權，使其能與廣播電臺或電視臺分享新增市場的收入。錄音錄影技術問世後，將表演人之表演存錄複製，著作人的著作也得以原形（聲音或肢體）保存及複製，法律則再賦予作者以錄音、錄影或攝影重製其表演之權利。

美術與雕刻等著作以公開展示原件之方式供觀眾欣賞，或由收藏家購買珍藏。照相技術發達後，美術著作物可以複製以供一般人購買，因此美術與雕刻等著作有公開展示權以及複製權以控制此二種主要市場。

前面所提到的傳統的著作物，都必須附著在儲存媒體成為著作物，分別藉著作物的行銷展示，或表演人的表演或演奏，或將其表演播送、廣播或展出而散布，才可能利用市場取得消費者給予著作的市場價值。不過，現代數位與電腦技術的發展改變了市場結構，在電腦或數位科技下，著作附著在儲存媒體後，不必大量複製著作物，即可散布，著作由電腦系統轉化成數位後，電腦系統以電子脈衝(electronic impulse)經由通訊網路輕易地將著作本身散布到其他電腦系統上，不必依賴儲存媒體的交換；而且數位化與電腦技術，也使觀眾、聽眾利用電子脈衝存錄而保有著作物，品質不會隨著使用次數而降低；數位化技術可複製的著作物幾乎是無限制的；甚至連原僅能透過參觀原件始能突顯價值的美術著作，也因以現代的數位與電腦技術，可以使大眾不必到現場參觀展示。傳統印刷術使作者自贊助者處解放獨立出來，而與出版社結盟，發展了著作權制度；而現代化的網路技術讓作者可以考慮不必依賴出版社，而能真正獨立自行散布其著作。如果說得

誇張一點，網路技術使作者、出版社或廣播公司、消費者關係解體，這項技術牽動經濟關係以及市場結構的變化，無論是作者、企業家或是讀者，各參與者的角色勢必面臨重整，如果將十八世紀發展以控制重製（印刷技術）為規範核心的著作權制度，硬要套到現今對重製及傳播技術有重大改變的電腦網路技術，恐怕會引發很大的爭議，尤其遙想當年著作權制度協助了文化產業發展至今約三百年，繼續延用或在舊有框架下變動，會對網路所帶來的新興產業是阻礙還是貢獻，應該要深入思考。

相關法規

憲法

第166條

國家應獎勵科學之發明與創造，並保護有關歷史、文化、藝術之古蹟、古物。

著作權法

第1條

為保障著作人著作權益，調和社會公共利益，促進國家文化發展，特制定本法。本法未規定者，適用其他法律之規定。

四、網路著作的著作人格權

宗例

陳教授有一篇名為〈快樂的大學生〉文章，以筆名「不快樂的教授」發表於某報紙，有一學校網站管理者覺得該篇文章頗具啟發性，未徵求陳教授同意，即將該文章擇取摘要刊登在網站上，並將文章名稱變更為〈大學生快樂的背後〉，該網站管理者認為網站僅有教育目的，並未營利，所以未觸法，這樣的看法正確嗎？

解析

依我國著作權法規定，著作權分為著作人格權與著作財產權。著作權的爭議通常與著作財產權有關，但是著作人格權的保護也應特別注意，就案例而言，一般均知道網站管理者未經作者同意重製陳教授的著作，侵害了作者的著作財產權（關於著作財產權，本書後面會繼續討論），但案例中也有一些涉及著作人格權的問題。著作人格權具有專屬性，屬於著作人，不得讓與或繼承，就算是著作權讓與他人，作者仍然保有著作人格權，著作人格權不像著作財產權有期間的限制，即著作人格權不因著作人死亡而消滅，任何人不得侵害。著作人享有三種人格權：公開發表權；姓名表示權以及同一性保持權。

一、公開發表權

作者完成著作後，有決定公開發表其著作與否之權利，任何人不得違反作者之意思公開發表作者未發表的著作。有下列情形之一者，推定著作人同意公開發表其著作：1.著作人將其尚未公開發表著作之著作財產權讓與他人或授權他人利用時，因著作財產權之行使或利用而公開發表者。2.著作人將其尚未公開發表之美術著作或攝影著作之著作原件或其重製物讓與他人，受讓人以其著作原件或其重製物公開展示者。3.依學位授予法撰寫之碩士、博士論文，著作人已取得學位者。

以本案例而言，陳教授發表的文章是基於自己的意思，如果陳教授將文章寫好放在桌上，他的學生看到了覺得寫得很好，也不能在未經陳教授的同意下，就代為投稿發表。當然，如果陳教授將著作財產權轉讓給出版社或授權出版社印製書刊，依法即推定陳教授同意公開發表其著作。

二、姓名表示權

著作人有權決定以本名、筆名、或匿名表示其著作。如授權他人改作，也有權在從該著作衍生的著作上表示本名或筆名。但著作人如讓與或授與他人利用其著作時，得忍受利用人使用自己的封面設計，以及另加設計人或主編之姓名或名稱，除非著作人有特別表示，或違反社會使用情形。姓名表示權另一個限制是依著作利用之目的或方法，於著作人之利益無損害之虞，且不違反社會使用慣例者，得省略著作人之姓名或名稱。

本案例中陳教授以筆名「不快樂的教授」發表文章，報刊編輯就算確知陳教授的真實身分，也應該完全尊重陳教授的姓名表示權，不得在文章發表時，加註作者的真實姓名。案例中如轉載陳教授文章的網站管理者未將文章作者的具名一併標註，或更改作者姓名，都是侵害了陳教授的姓名表示權。

三、完整性或同一性保持權

著作人有保持其著作之完整性及同一性的權利。著作代表或反映作者之人格或名譽，任何人不得以歪曲、割裂、竄改或其他方法改變著作之內容、形式或名目，使著作違反了作者原來的人格表現。

案例中網站管理者刊載陳教授的文章，但擅將文章名稱更動，無論名稱改得好不好，也無論新的名稱是否更貼近文章的內容，只要未經原作者同意，就是侵害了作者的同一性保持權。

侵害著作人格權之行為，九十二年七月十日以前的著作權法規定有刑事責任，最高可處至二年以下有期徒刑，不過這項刑事制裁的規定，在九十二年修法時（七月十一日施行），立法委員認為侵害著作人格權以民事手段救濟應已足夠，不以刑事處罰為必要，即將刑事處罰的規定刪除。筆者認為，其實侵害著作人格權的不法程度並不較侵害著作財產權輕，侵害著作財產權的刑罰尚且因修法而加重，侵害著作人格權竟完全取消刑罰，二者權益衡量，實難知立法諸公標準何在。不過，立法院又於九十三年八月二十四日三讀修正通過著作權法，經總統於九十三年九月一日公布，於九十三年九月三日施行，再將著作人格權的刑事制裁規定恢復，總之，依目前法制，侵害著作人格權除須負擔民事損害賠償責任，亦有刑事處罰的規定。

相關法規

著作權法

第15條

著作人就其著作享有公開發表之權利。但公務員，依第十一條及第十二條規定為著作人，而著作財產權歸該公務員隸屬之法人享有者，不適用之。

有下列情形之一者，推定著作人同意公開發表其著作：

一　著作人將其尚未公開發表著作之著作財產權讓與他人或授權他人利用時，因著作財產權之行使或利用而公開發表者。

二　著作人將其尚未公開發表之美術著作或攝影著作之著作原件或其重製物讓與他人，受讓人以其著作原件或其重製物公開展示者。

三　依學位授予法撰寫之碩士、博士論文，著作人已取得學位者。

依第十一條第二項及第十二條第二項規定，由僱用人或出資人自始取得尚未公開發表著作之著作財產權者，因其著作財產權之讓與、行使或利用而公開發表者，視為著作人同意公開發表其著作。

前項規定，於第十二條第三項準用之。

第16條

著作人於著作之原件或其重製物上或於著作公開發表時，有表示其本名、別名或不具名之權利。著作人就其著作所生之衍生著作，亦有相同之權利。

前條第一項但書規定，於前項準用之。

利用著作之人，得使用自己之封面設計，並加冠設計人或主編之姓名或名稱。但著作人有特別表示或違反社會使用慣例者，不在此限。

依著作利用之目的及方法，於著作人之利益無損害之虞，且不違反社會使用慣例者，得省略著作人之姓名或名稱。

第17條

著作人享有禁止他人以歪曲、割裂、竄改或其他方法改變其著作之內容、形式或名目致損害其名譽之權利。

第18條

著作人死亡或消滅者，關於其著作人格權之保護，視同生存或存續，任何人不得侵害。但依利用行為之性質及程度、社會之變動或其他情事可認為不違反該著作人之意思者，不構成侵害。

第84條

著作權人或製版權人對於侵害其權利者，得請求排除之，有侵害之虞者，得請求防止之。

第85條

侵害著作人格權者，負損害賠償責任。雖非財產上之損害，被害人亦得請求賠償相當之金額。

前項侵害，被害人並得請求表示著作人之姓名或名稱、更正內容或為其他回復名譽之適當處分。

第86條

著作人死亡後，除其遺囑另有指定外，下列之人，依順序對於違反第十八條或有違反之虞者，得依第八十四條及前條第二項規定，請求救濟：

一　配偶。

二　子女。

三　父母。

四　孫子女。

五　兄弟姊妹。

六　祖父母。

第87條

有下列情形之一者，除本法另有規定外，視為侵害著作權或製版權：

一　以侵害著作人名譽之方法利用其著作者。

第93條

有下列情形之一者，處二年以下有期徒刑、拘役，或科或併科新臺幣五十萬元以下罰金：

一　侵害第十五條至第十七條規定之著作人格權者。

二　違反第七十條規定者。

三　以第八十七條第一款、第三款、第五款或第六款方法之一侵害他人之著作權者。但第九十一條之一第二項及第三項規定情形，不包括在內。

五、網路與著作權法中的重製權

案例

國陽為網路發燒友，哪裡有「好康的」他瞭若指掌，例如免費下載音樂、線上強檔電影、日本最新的線上漫畫，他都找得到，同事們想享受免費的音樂或影片，都會找國陽幫忙，國陽也常應同事之要求，燒幾片網路上的電影或一些新歌給他們，試問好心的國陽可能觸犯著作權法哪些規定？

解析

前面我們提到傳統的著作必須附著在儲存媒體成為著作物，分別藉著著作物的行銷或表演、廣播或展出而散布，才可能利用市場取得消費者給予著作的市場價值，而著作權制度則主要利用給予作者重製權界定財產權，因此重製權在著作權法制中是一重要概念，著作權稱為“Copyright”，在某種程度上，就是“the right to copy”。

我國著作權法在九十二年修法前，著作權法第3條第1項第5款定義重製為「指以印刷、複印、錄音、錄影、攝影、筆錄或其他方法有形之重複製作。於劇本、音樂著作或其他類似著作演出或播送時予以錄音或錄影；或依建築設計圖或建築模型建造建築物者，亦屬之」，重製在著作權法上之概念甚廣，凡以印刷、複印、錄音、錄影、攝影、筆錄、複製著作物，複製的方法不論是以人工的、化學的或機械的都可以，有的是平面的，有的是立體的，完全視著作的種類而定。例如文學、音樂、戲劇或舞蹈、繪畫、攝影、錄音、視聽、電腦程式等原則上皆以平面表現複製，此類著作應該是平面的。至於雕刻、雕塑或建築等著作，如以立體呈現複製，此類著作就是立體的。錄音或錄影、劇本、音樂著作或其他類似著作之演出或播送，如果有存錄時，也構成重製。表演人對現有著作之表演有著作權，因此以錄音錄影或攝影存錄他人的表演也是重製。在此還是要請讀者留意，著作人擁有重製權，不在強調作者有權重製其著作，而在於作者有權禁止他人重製。

重製物是否須附著在一定的「有形物」上，以往引起一些爭論，國內多數論者，認為應無此限制，不過筆者認為此「附著性」要件，使著作可藉「著作物」的界定有衡量客觀價值的依據，也讓著作物成為著作流通的媒介，有利於知識理念的散布，例如：在沙灘上寫字，海浪一來即消逝，我們不可能把沙灘帶走，讓沙灘成為交換媒介，當然，如果另外以筆抄錄或攝影，則是抄錄或攝影行為構成重製。不過，現代數位與電腦技術，使著作附著在儲存媒體後，不必大量複製著作物，即可散布，著作由電腦系統轉化成數位後，電腦系統以電子脈衝經由通訊網路輕易地將著作本身散布到其他電腦系統，不必依賴儲存媒體的交換，因此重製物須附著在一定的「有形物」上的觀念更受挑戰。就電腦技術而言，多數學者認為一項擁有著作權的資訊，不論以何種方式放置到一臺電腦內，且不論係儲存於何種媒介都認為是重製的範圍。

我國著作權法在九十二年七月十一日新著作權法施行後，也將重製的定義修改為「指以印刷、複印、錄音、錄影、攝影、筆錄或其他方法直接、間接、永久或暫時之重複製作。於劇本、音樂著作或其他類似著作演出或播送時予以錄音或錄影；或依建築設計圖或建築模型建造建築物者，亦屬之」，明白的表示重製不限於有形的重製。

現行著作權法下對重製的定義相當廣泛，幾乎所有電腦或網路上的行為都在重製的定義範圍內：磁碟(disk)、磁碟片(diskette)、唯讀記憶體(ROM: read only memory)、或其他儲存裝置(storage device)，甚至是放在隨機處理記憶體(RAM: random access memory)而能儲存相當的一段時間（雖RAM裡面儲存的資訊只要電源關閉即消失）也被認為構成重製；使用電子郵件時的收受郵件、信件傳送過程在各伺服器上之重製、利用軟體在伺服器上取回信件，儲存於硬碟、轉寄；對於網路新聞的瀏覽（存於隨機存取記憶體）、打包離線閱讀、轉貼、製作精華板；下載檔案；瀏覽器軟體在使用者的電腦硬碟上畫出一塊空間作為「快取區」(Cache)，暫時存放最近上網時曾經看過的資料，避免網路資源浪費於重複傳送相同資料；系統管理者在自己的網站裡架設一代理伺服器，第一名使用者向遠端伺服器索取資料時，資料除了傳送至使用者的電腦上，並在使用者所屬網路系統之代理伺服器(Proxy Server)上儲存起來，使第二名使用者節省傳送時間。這些常見的電腦或網路使用行為都是奠基在電腦的技術最大特點——複製迅速且便利，將之套用在著作權法上，結果是幾乎所有的電腦動作都是著作權法上的重製。

這麼廣泛的重製概念當然會引起電腦或網路使用者的擔心，豈不「一開電腦即犯法」、「一上網路就違法」？主管機關告訴我們不用擔心，雖然重製的範圍很廣，但是還有兩個免責方向：一是為網路中繼性傳輸（包括網路瀏覽、快速存取或其他為達成傳輸功能之電腦或機械本身技術上所不可避免之現象），或使用合法著作，屬技術操作過程中必要之過渡性、附帶性而不具獨立經濟意義之暫時性重製；一是符合合理使用的規定。總之，在現行法律思考邏輯下，所有網路重製行為將先被認定為重製，可能侵犯著作權人的重製權，再看看是不是符合不具獨立經濟意義之暫時性重製或是合理使用，使其免責。這種思考邏輯恐怕有違一般生活經驗與國民法律感情，頗有人性本惡、先小人後君子的思維。

關於合理使用，本書將於後面的單元討論，以下先說明「暫時性重製」。九十二年七月十一日新著作權法施行，對於重製的範圍放寬，已如前述，「屬技術操作過程中必要之過渡性、附帶性而不具獨立經濟意義之暫時性重製」，雖合於第3條第1項第5款「重製」之定義，但因其係電腦或機械基於自身之功能所產生者，無行為人行為之涉入，並非合理使用，但又不宜將這種行為認為侵權，所以參考歐盟二〇〇一年著作權指令第5條第1項規定，排除於重製權之外，讀者應注意本條文重點在於「不具獨立經濟意義」。又由於數位化之技術，各類著作均得被重製於數位化媒介物，而此等媒介物之讀取，往往發生暫時性重製，第3項第2款原擬修訂為「合法使用著作」之情形，排除不賦予重製權，九十二年修法

時，立法院審議時委員修改為「使用合法著作」，不過九十三年八月二十四日立法院又三讀修正該條文，九十三年九月一日總統公布，九十三年九月三日施行，修正為「合法使用著作」；此處要注意的是著作權法第22條第3項稱「但電腦程式不在此限」，容易讓人誤解為電腦程式的暫時性重製不能免責，其實，合法使用電腦程式著作過程中所為之暫時性重製，在法律設計上，係屬合理使用而免責的範圍，所以條文在技術上作如此規定。

依照經濟部智慧財產局的解釋，以下「暫時性重製」不會發生違法侵權的情形：

㈠將買來的光碟，放在電腦或影音光碟機裡面，看影片、圖片、文字或聽音樂。

㈡在網路上瀏覽影片、圖片、文字或聽音樂。

㈢買來的電腦裡面已經安裝好了電腦程式而使用該程式，例如使用電腦裡面的Word、Excel程式。

㈣網路服務業者透過網際網路傳送資訊。

㈤校園、企業使用代理伺服器，因提供網路使用者瀏覽，而將資料存放在代理伺服器裡面。

㈥維修電腦程式。

至於一般與「暫時性重製」有關的行為是否合法，經濟部智慧財產局也做了一些說明及例示，詳見以下附表。不過要提醒讀者的是，經濟部智慧財產局的說明及例示在具體個案上，理論上並沒有拘束法官的效力，而且有許多情形都必須依實際情形判斷。

「暫時性重製」規定之相關說明（智慧財產局說明及例示）

序號	行為態樣	行為結果
一	安裝合法授權的電腦程式	合法
二	安裝盜版的電腦程式	符合合理使用的規定才不違法
三	安裝合法授權電腦程式後予以使用	合法
四	不知電腦安裝的是盜版程式而予使用	合法
五	明知電腦安裝的是盜版程式而予使用	符合合理使用的規定才不違法
六	在電腦或影音光碟機上使用合法授權之影音光碟	合法
七	不知是盜版的影音光碟在電腦或影音光碟機上使用	合法
八	明知是盜版的影音光碟在電腦或影音光碟機上使用	符合合理使用的規定才不違法
九	瀏覽網路上的資料	合法
十	重製BBS、網頁、電子郵件信箱中他人的著作	符合合理使用的規定才不違法
十一	未取得著作權人的授權而透過網際網路傳送其著作資料	符合合理使用的規定才不違法
十二	ISP業者透過網際網路傳送著作資料	合法
十三	搜尋引擎業者將網路資料下載至伺服器中進行索引及處理	符合合理使用的規定才不違法
十四	搜尋引擎業者提供網頁暫存檔服務(CACHE)	符合合理使用的規定才不違法
十五	校園、企業網路將網站資料放置於代理伺服器(PROXY)供網友瀏覽	合法
十六	使用網咖業者所提供之合法授權遊戲軟體	合法
十七	使用網咖業者所提供之盜版遊戲軟體	符合合理使用的規定才不違法

十八	自行攜帶合法授權之遊戲軟體至網咖安裝使用	合法
十九	不知遊戲軟體為盜版軟體自行攜帶至網咖安裝使用	合法
二十	明知為盜版遊戲軟體自行攜帶至網咖安裝使用	符合合理使用的規定才不違法
二一	透過P2P（交換軟體系統）業者下載授權重製之著作	合法
二二	透過P2P（交換軟體系統）業者下載未經授權重製之著作	符合合理使用的規定才不違法
二三	維修電腦程式	合法

相關法規

著作權法

第3條第5款

重製：指以印刷、複印、錄音、錄影、攝影、筆錄或其他方法直接、間接、永久或暫時之重複製作。於劇本、音樂著作或其他類似著作演出或播送時予以錄音或錄影；或依建築設計圖或建築模型建造建築物者，亦屬之。

第22條

著作人除本法另有規定外，專有重製其著作之權利。

表演人專有以錄音、錄影或攝影重製其表演之權利。

前二項規定，於專為網路合法中繼性傳輸，或合法使用著作，屬技術操作過程中必要之過渡性、附帶性而不具獨立經濟意義之暫時性重製，不適用之。但電腦程式著作，不在此限。

前項網路合法中繼性傳輸之暫時性重製情形，包括網路瀏覽、快速存取或其他為達成傳輸功能之電腦或機械本身技術上所不可避免之現象。

六、著作權法中的公開傳輸權

案例

章詩仁對現代文學非常有興趣，研究新詩多年，並設置個人網站，將其欣賞的新詩及各種文學著作公布於網站，並提供討論區，與同好一起評析切磋，章詩仁在主持網站時要注意哪些著作權法的規定？

解析

我國於九十二年六月大幅度修改著作權法，其中針對網際網路活動，增訂賦予著作權人「公開傳輸權」，對著作人或著作權人而言，擴大了法律保護範圍，但對使用者而言，就必須特別謹慎本來被視為美德的「分享」行為。

傳統上認為，終端使用者(end users)感知著作內容之方式可概分為下列二種情形：㈠操控權在於消費者，即由消費者取得著作重製物之占有後，在其所選擇之時間及地點，感知著作內容，例如消費者購買書籍或錄音帶，在自己閒暇之餘閱讀與欣賞。㈡操控權在於提供者，消費者居被動之地位。由著作提供者單向提供著作，其時間由提供者決定，消費者被動、無選擇空間地感知著作內容，例如收視、收聽電視電臺或廣播電臺播出之電視節目或廣播節目，且收視、收聽後，著作內容即消逝。著作權法因應這

兩種使用（消費）方式，創設出不同著作財產權，使著作人得以收取利益，即重製權、公開口述權、公開播送權、公開上映權、公開演出權等。

隨著資訊、電信科技的進步，接觸著作之型態也較以往為多，最重要者即為前述二種分類界線之突破，消費者透過網路，在其所自行選定之時間或地點，均可感知存放在網路上之著作內容，既不須要取得著作重製物之占有，亦不受著作提供者時間之限制。也就是說，消費者與著作提供者處於互動式之關係。這項網路科技的重要特色卻也給傳統著作權法帶來一些困擾，在網際網路上架設網站者，目的就是要大眾得不受時間空間的限制，獲知網站內容，著作權人除了可以對架設網站者主張重製權外，對於網站架設者把內容置於一種大眾隨時得閱覽感知的狀況，由於並非單向的傳達著作內容，無法主張公開口述權、公開播送權、公開上映權、公開演出權，權利人認為自己將喪失一種重要的著作利用型態所帶來的利益，也就是認為傳統的著作權法所賦予著作人的權利，無法充分地保護著作人的權益，世界智慧財產權組織(WIPO)因而在一九九六年通過了著作權條約(WIPO Copyright Treaty, WCT)及表演與錄音物條約(WIPO Performances and Phonograms Treaty, WPPT)兩項國際公約，針對數位化網路環境，明定應賦予著作人公開傳輸權，我國也在九十二年六月增訂公開傳輸權的內容，依照智慧財產局說明的立法目的是「為與國際接軌，促進資訊傳播與電子商務之蓬勃發展，提升著作人在數位化網路環境中之保護，必須要修正我國著作權法，賦予著作權人公開傳輸權，才能確實維護知識經濟及未來數位內容產業的正常發展，維持我國的競爭力」。

其實公開傳輸權的確是針對網路上活動為規範，不過原是因應重製權在網際網路上適用過廣的爭議，既然現在已經修法將重製權的範圍定義得很廣泛，有沒有必要再創設公開傳輸權，實值深思。就著作人或權利人而言，著作的使用型態多了一種，就此增加的權利，權利人可以獲取更多的利益；就使用者而言，要切記著作財產權的內容並非單一，如僅取得某一類著作財產權（如重製權）的授權，不表示當然取得其他種類著作財產權（如公開傳輸權）的授權。

依現行著作權法的定義，公開傳輸權就是著作人享有透過網路或其他通訊方法，將他的著作提供或傳送給公眾，讓大家可以隨時隨地到網路上去瀏覽、觀賞或聆聽著作內容的權利。換句話說，就是作者可以將他的著作，不管是文字、錄音、影片、圖畫等任何一種型態的作品，用電子傳送(electronically transmit)或放在網路上提供(make available online)給公眾，接收的人可以在任何自己想要的時間或地點，選擇自己想要接收的著作內容。而公開傳輸權所保護的著作與重製權相同，是著作權法所規範的全部著作，包括第5條第1項例示之語文、音樂、戲劇舞蹈、美術、攝影、圖形、視聽、錄音、建築及電腦程式等十類著作及第7–1條表演，均享有公開傳輸權。

九十二年六月修法前，網路上著作人通常主張的權利是重製權，不論是上載，下載，轉貼，傳送，儲存都會有重製的行為，

如果未經同意的話，將可能會侵害到著作財產權人的重製權。九十二年七月十一日新著作權法施行後，重製權的保護並未減少，而且更增加了公開傳輸權，所以重製別人的著作，放在網站上提供給大家瀏覽，觀賞或聆聽，除了要取得重製的授權外，還要取得公開傳輸的授權。經濟部智慧財產局也提醒大家，凡是未經著作權人同意，把別人的著作放在網路上讓更多的人瀏覽、觀賞或聆聽，不但會造成侵害重製權的問題，還會侵害到公開傳輸權，所以喜歡把各種資訊貼上網讓大家共享的人，要特別注意了。尤其是各個網站或BBS站的版主，對於網友貼上網的文字、影片、圖片，如果不確定是作者同意在網路上流通的，最好刪除，免得無端發生侵害公開傳輸權的糾紛。

對於公開傳輸權的免責規定，著作權法在第49條、第50條、第52條、第61條、第62條有部分特定合理使用的免責規定（請參考本單元相關法規），另外就僅能適用第65條第2項的合理使用一般規定了，而經濟部智慧財產局更表示網際網路公開傳輸行為，無遠弗屆，影響深遠，除著作權法已明文規定合理使用（例如等）外，成立合理使用空間相對有限，構成侵害著作權之可能性極高。

公開傳輸權的創設對網路生活有很大的影響，從網路發展的現況看，所有著作權法上的財產權可能會全部被公開傳輸權所涵括。無論是個人或企業，如果要在網站上放置各種著作，除了要取得著作人對重製權的授權外，也須取得公開傳輸權的授權，而一般網友在網路上「分享」自己收集的著作時，如果未取得著作權人的同意，恐怕也會引起麻煩。WWW (World Wide Web)的發明人Tim Berners-Lee在其"*Weaving the Web*"(中譯《一千零一網》)一書中，說明其希望讓全球資訊網公有共享，而多數的企業或既得利益者卻無所不用其極的想將全球資訊網占為己有。我們看看著作權法制的發展，也許會對Tim Berners-Lee的夢想抱以更悲觀的敬意。

相關法規

著作權法

第3條第10款

公開傳輸：指以有線電、無線電之網路或其他通訊方法，藉聲音或影像向公眾提供或傳達著作內容，包括使公眾得於其各自選定之時間或地點，以上述方法接收著作內容。

第26-1條

著作人除本法另有規定外，專有公開傳輸其著作之權利。

表演人就其經重製於錄音著作之表演，專有公開傳輸之權利。

第49條

以廣播、攝影、錄影、新聞紙、網路或其他方法為時事報導者，在報導之必要範圍內，得利用其報導過程中所接觸之著作。

第50條

以中央或地方機關或公法人之名義公開發表之著作，在合理範圍內，得重製、公開播送或公開傳輸。

第52條

為報導、評論、教學、研究或其他正當目的之必要，在合理範圍內，得引用已公開發表之著作。

第61條

揭載於新聞紙、雜誌或網路上有關政治、經濟或社會上時事問題之論述，

得由其他新聞紙、雜誌轉載或由廣播或電視公開播送，或於網路上公開傳輸。但經註明不許轉載、公開播送或公開傳輸者，不在此限。

第62條

政治或宗教上之公開演說、裁判程序及中央或地方機關之公開陳述，任何人得利用之。但專就特定人之演說或陳述，編輯成編輯著作者，應經著作財產權人之同意。

第65條

著作之合理使用，不構成著作財產權之侵害。

著作之利用是否合於第四十四條至第六十三條規定或其他合理使用之情形，應審酌一切情狀，尤應注意下列事項，以為判斷之基準：

一　利用之目的及性質，包括係為商業目的或非營利教育目的。

二　著作之性質。

三　所利用之質量及其在整個著作所占之比例。

四　利用結果對著作潛在市場與現在價值之影響。

七、網頁中的連結

案例

林林擁有自己的網頁，同時她又很熱心的想介紹許多好網站與好文章放在自己的網頁當中，她以超連結(Hyperlink)的方法，介紹許多好站，試問林林在使用超連結時該注意哪些才不至於觸犯了著作權法的相關規定？

解析

超連結(Hyperlink)，使用「超」字係意指的是跨越整個網路的可能性與及時性，換言之，超連結為網頁與網頁之間的橋樑，一個網頁可以有許多超連結，也因此豐富了一個網頁的內容或者使我們可以自在的遨遊在網路世界中，因此現在的網頁製作者很少不使用超連結的方法來增加自己網站的多樣性。而這種內含有超連結的文件，一般稱為Hyper Text，也就是「超文件」。一般網路上的「超文件」，我們就稱為「網頁」。

超連結的製作方式大抵可以分為四種，分別說明如下：

1.「超文字連結」：這是最基本的連結方式，係指於超連結上使用一段文字（中文或英文），點選該段文字即可進入該網頁的超連結方式。

2.「圖像連結」：亦即擷取他人網頁的圖像放在自己的網頁中，供人連結至該網站的超連結。

3.「視框連結」：於點選該超連結之後，網頁將區分成數個視框，除了自己原先的網頁之視框外，還有被連結網頁的視框。

4.「深層連結」：若點選該超連結，不會直接進入該連結網站的首頁，而直接是該網站內一篇文章或其他內容。

現在網頁製作教學很普及，一般人均可以輕鬆上手，而擁有自己的網頁，自己當個站長，但須注意的是在使用超連結時應該多多注意有無違反著作權法的規定。換言之，不能隨意的將他人有著作權的圖文當做自己網頁中超連結的一部分，以下以表列方式提醒大家如何在製作屬於個人網頁時不至觸犯著作權法的規定。

超連結方式	超文字連結	圖像連結	視框連結	深層連結
意義	超連結上使用一段文字(中文或英文)，點選該段文字即可進入該網頁的超連結方式。	擷取他人網頁的圖像放在自己的網頁中,供人連結至該網站的超連結。	於點選該超連結之後,網頁將區分成數個視框,除了自己原先的網頁之視框外,還有被連結網頁的視框。	若點選該超連結,不會直接進入該連結的首頁,而可能是該網站的一篇文章或其他內容。
可能觸犯的著作權法規定	無著作權法的適用	著作權法第22條	1.著作權法第22條 2.著作權法第17條	著作權法第16條
說明	因為單純的網址名稱如：http://www.yahoo.com並非著作權法第3條第1項第1款所稱之著作,不受著作權法的保護。	未經他人同意即擷取他人網站內的圖像,有侵害他人重製權的問題。	1.對於被連結網站之網頁的呈現,似已脫離該網站之伺服器,而已被重製到原連接網站之伺服器中,故視框連結應有重製之現象。 2.此種方式已違背了網頁設計者原先設計一致性(著作的一致性)，違反了「著作內容同一性」的規定。	著作人格權的內涵之一即是姓名表示權,亦即表彰該著作的創作者,深層連結因為未進入他人首頁即進入其網站內部,有可能被認為侵害他人的姓名表示權。另因深層連結使網站首頁(廣告利益的所在)喪失點選機會,可能構成不公平競爭的問題。

建議		1.事前經他人同意。 2.主張合理使用或認為他人默示同意，因為本來網頁設計目的就是希望他人多多光顧。	現今一般商業網站均會禁止他人使用視框連結，故最好得該網站的同意。	網站製作避免深層連結。

網頁製作所常用的超連結並非可以隨意為之，其實最保險的方式就是事前先得著作權人的同意，否則就必須事後主張著作權法上的合理使用，不過若事先經過他人同意不僅可以安心的使用，還可避免將來被他人主張侵害著作權時始主張合理使用，徒增麻煩。

著作權法

第16條

著作人於著作之原件或其重製物上或於著作公開發表時，有表示其本名、別名或不具名之權利。著作人就其著作所生之衍生著作，亦有相同之權利。

前條第一項但書規定，於前項準用之。

利用著作之人，得使用自己之封面設計，並加冠設計人或主編之姓名或名稱。但著作人有特別表示或違反社會使用慣例者，不在此限。

依著作利用之目的及方法，於著作人之利益無損害之虞，且不違反社會使用慣例者，得省略著作人之姓名或名稱。

第17條

著作人享有禁止他人以歪曲、割裂、竄改或其他方法改變其著作之內容、形式或名目致損害其名譽之權利。

第22條

著作人除本法另有規定外，專有重製其著作之權利。

表演人專有以錄音、錄影或攝影重製其表演之權利。

前二項規定，於專為網路合法中繼性傳輸，或合法使用著作，屬技術操作過程中必要之過渡性、附帶性而不具獨立經濟意義之暫時性重製，不適用之。但電腦程式著作，不在此限。

前項網路合法中繼性傳輸之暫時性重製情形，包括網路瀏覽、快速存取或其他為達成傳輸功能之電腦或機械本身技術上所不可避免之現象。

第26-1條

著作人除本法另有規定外，專有公開傳輸其著作之權利。

八、網路與著作權法中的合理使用

案例

張百慕是一大學生，為了寫作業，在網路上剪貼了一堆他人文章，也未以附註交代資料來源，拼湊成報告交差，被老師指責違反學術倫理，且違反著作權法，張百慕則認為自己是非營利使用，屬於「合理使用」，非營利使用就一定是合理使用嗎？

解析

前面提到現行著作權法對於重製的範圍很廣，但是還有兩個免責方向：一是為網路中繼性傳輸（包括網路瀏覽、快速存取或其他為達成傳輸功能之電腦或機械本身技術上所不可避免之現象），或使用合法著作，屬技術操作過程中必要之過渡性、附帶性而不具獨立經濟意義之暫時性重製；一是符合合理使用的規定，本單元即介紹著作權法中的合理使用。

關於合理使用的法律性質，有採權利限制說者，認為合理使用法則是對著作權人權利的限制，以免阻礙知識之利用（如我國著作權法將合理使用置於第三章「著作財產權之限制」之下）；亦有採侵權阻卻說者，即先假定合理使用為不法侵權行為，但因具阻卻違法性或欠缺實質違法性，故不予處罰；更有採使用者權利說，即不僅將合理使用視為消極性的防禦侵權事由，而更進一步將之視為立法者賦予作者專屬權利之同時，一併賦予作者以外之人使用著作之權利。權利限制說與侵權阻卻說的看法基本上是以著作權法是「作者的法律」為出發點，不過前者強調針對作者權利的限制，後者則強調合理使用之本質仍具侵害性，至於使用者權利說則是積極的賦予使用者使用著作之權。從註釋法學的立場思考，權利限制說與侵權阻卻說，都容易理解，因為著作權法所規範的都是著作權的內容，而合理使用是對該內容的限制，當然也是阻卻違法的要件。就法律效果而言，區別上面三種說法其實並沒有多大意義，因為只要成立了合理使用，則使用者的使用行為就不會被認定是侵權，相對而言，作者的著作權受到了限制，而使用者的使用得到了相當程度的保障。不過，如果從著作權法的政策目的來看，也許會有更深層的認知，就著作財產權而言，法規賦予著作人一定的財產上專屬權，並不是因為那些權利是「天賦人權」，而是因為法律希望藉著給予著作人獎勵，使社會上的著作質量增加，促進國家文化發展，從此可理解，著作權人僅享有著作權法上所規範的權利，至於著作權法未規範者，均屬社會大眾所共享。申言之，從著作權法的最終目的（促進文化發展）觀察，如果著作權人的權利受到了法定限制（如：合理使用條款），應該可以理解為立法者將該被限制部分交給了社會大眾享用，即剝奪著作人權而賦予使用者權，因此合理使用可以被認為是著作權法建構使用者權的依據。

我國現行著作權法第65條規定：

「著作之合理使用，不構成著作財產權之侵害。

著作之利用是否合於第四十四條至第六十三條規定或其他合理使用之情形，應審酌一切情狀，尤應注意下列事項，以為判斷之基準：

一　利用之目的及性質，包括係為商業目的或非營利教育目的。

二　著作之性質。

三　所利用之質量及其在整個著作所占之比例。

四　利用結果對著作潛在市場與現在價值之影響。

著作權人團體與利用人團體就著作之合理使用範圍達成協議者，得為前項判斷之參考。

前項協議過程中，得諮詢著作權專責機關之意見。」

一般均認為上開規定類似美國著作權法第107條之規定，不過，要注意的是就美國著作權法而言，第107條至第112條標題雖均為專有權利的限制(Limitations on exclusive rights)，但其中第108條至第112條是立法者具體的規定在一定的情況下，特定著作的特定著作權權能，允許特定人行使，基本上，只要符合這些對著作權的限制條款的要件，就不會構成侵權，不需再探討其行為是否合理，而且這些要件非常詳細、明確，可以將之視為立法者已預先將該具體情形認定為合理。然而，第107條所規範的合理使用(fair use)，則是立法者授權法院在審理個別案件時，就個案事實斟酌：⑴使用的目的與特性，包括是否具商業性質或非營利之教育目的；⑵著作之性質；⑶所利用之質與量，及其於整體著作中所占比例；⑷利用結果對著作潛在市場與現在價值的影響。美國著作權法第107條雖然提供了四項判斷標準，但這些都是抽象而不明確的，要如何運用，立法者並未具體明確標明，因此法官在個案審判上，必需一一審酌，事實上，美國著作權法第107條合理使用原則的立法，就是將一八四一年Story法官在Folsom v. Marsh案件中創立之四項原則法典化。反觀我國著作權法，自第44條至第63條規定了著作權限制條款，即符合該等要件就不認為是侵權，再於第65條第1項規定合理使用不構成著作財產權侵害的概括條款，以擴大合理使用之範圍，我國著作權法並未要求需先檢驗是否合於第44條至第63條規定後，始能適用合理使用原則，因為第65條第2項係將「是否合於第44條至第63條規定」及「其他合理使用」並列，所以一般認為，本條文係為合理使用原則建立了一般性原則規範。但問題是，自第44條至第63條的著作權限制條款大都以「合理範圍」為要件，又於第65條第2項規定：「著作之利用是否合於第44條至第63條規定或其他合理使用之情形，應審酌一切情狀，尤『應』注意下列事項，以為判斷之基準：一、利用之

目的及性質，包括係為商業目的或非營利教育目的。二、著作之性質。三、所利用之質量及其在整個著作所占之比例。四、利用結果對著作潛在市場與現在價值之影響。」即無論第44條至第63條條文是否出現了「合理範圍」字眼，在適用各條文時，均應就第65條第2項所定四項基準為判斷，既然該四項基準是合理使用的判斷基準，則我國著作權法顯然不單是將第44條至第63條僅認為是合理使用的例示規定，更要求適用各該「例示規定」仍應適用合理使用的四項判斷基準。這樣的立法將本來已逐漸具體的阻卻違法型態，再一網打盡要求全部重新適用抽象的判斷基準，使得所有著作財產權的限制判斷均成為合理使用的判斷，實是不妥，如此不僅增加法官在個案認定上之困擾，更嚴重的是，社會大眾在利用各項著作時，如無法明確判斷是否為合理使用時，將不敢放心的利用，這與著作權法規定著作權限制條款的初衷——「鼓勵社會大眾利用，促進文化發展」，顯然背道而馳。

前面所提到我國現行著作權法第65條規定判斷合理使用有四項基準即：一、利用之目的及性質，包括係為商業目的或非營利教育目的。二、著作之性質。三、所利用之質量及其在整個著作所占之比例。四、利用結果對著作潛在市場與現在價值之影響。這四項基準並須就個案綜合判斷，實務上也不是說營利性質就不符合合理使用，而非營利行為就是合理使用，通常比較會發生影響力的是第三項及第四項基準。

合理使用在個案判斷上並不容易，法條中抽象的文字與實際爭議仍有差距，九十二年著作權法修法時，主管機關認為：「何者為合理使用？何者非合理使用？經由著作市場長期自然運作，在社會上往往會形成某些客觀上一致之看法，即一般所謂『共識』，此種共識可供法院判斷有無合理使用規定適用之參考。」爰參照美國實務運作之情形，增訂第3項「著作權人團體與利用人團體就著作之合理使用範圍達成協議者，得為前項判斷之參考」，且主管機關也認為「於第三項社會共識建立之過程中，各方意見如有差距，通常期待著作權專責機關提供專業意見，以協助達成共識」，所以增訂第4項「前項協議過程中，得諮詢著作權專責機關之意見」。對於這個條文的增修理由認為合理使用的判斷經由著作市場長期自然運作，在社會上往往會形成共識，並作為法院判斷的參考，筆者認為頗有見地，而法官參考著作權人團體與利用人團體就著作之合理使用範圍達成協議的部分，也應符合社會期待；不過就合理使用的「共識」形成，是否需要或是說僅需要著作權專責機關提供專業意見，筆者則持保留意見，因為行政機關並非著作市場的參與者，而且關於其所提供的「諮詢意見」如無法律上拘束力，恐更使社會大眾無所適從。

著作權法

第91條第4項

著作權僅供個人參考或合理使用者，不構成著作權侵害。

經濟部智慧財產局針對符合合理使用規定的「暫時性重製」情形，例示如下（請讀者留意，依目前著作權法，下列情形仍應適用第65條第2項所定四

項基準為是否符合合理使用的判斷)：

㈠中央或地方機關為了立法和行政的目的，在合理範圍重製著作當作內部參考資料時，所發生的暫時性重製行為。

㈡為了進行司法訴訟程序而重製著作時，所發生的暫時性重製行為。

㈢各級學校及學校裡的老師，為了教書，在合理範圍重製著作時，所發生的暫時性重製行為。

㈣編製教科書或附屬之教學用品，在合理範圍內重製、改作或編輯著作時，所發生的暫時性重製行為。

㈤各級學校或教育機構，例如空中大學，在播送教學節目時所發生的暫時性重製行為。

㈥圖書館、博物館或其他文教機構應閱覽人供個人研究之要求，重製部分著作或期刊中單篇著作時，所發生的暫時性重製行為。

㈦中央機關、地方機關、教育機構或圖書館重製論文或研究報告等著作的摘要時，所發生的暫時性重製行為。

㈧新聞機構做時事報導時，在報導的必要範圍內利用過程中所接觸的著作時，所發生的暫時性重製行為。

㈨在合理範圍內，重製或公開播送中央機關、地方機關或公法人名義發表的著作時，所發生的暫時性重製行為。

㈩基於私人或家庭非營利之目的，使用自己的機器重製他人著作時，所發生的暫時性重製行為。

⑾為了報導、評論、教學、研究或者其他正當的目的，在合理範圍內引用著作，所發生的暫時性重製行為。

⑿用錄音、電腦各種方法重製著作，以提供視覺障礙人和聽覺障礙人使用時，所發生的暫時性重製行為。

⒀中央機關、地方機關、各級學校或教育機構辦理各類考試而重製著作作為試題時，所發生的暫時性重製行為。

⒁舉辦不以營利為目的，不收取任何費用，也不支付表演人任何報酬的活動，而公開播送、公開上映或公開演出著作時，所發生的暫時性重製行

為。

㈤廣播電臺或電視電臺被授權播送節目，為了播送的需要，用自己的設備錄音或錄影時所發生的暫時性重製行為。

㈥舉辦美術展覽或攝影展覽製作說明書而重製展出的著作時，所發生的暫時性重製行為。

㈦重製公共場所或建築物的外牆長期展示的美術或建築著作，所發生的暫時性重製行為。

㈧報紙、雜誌轉載其他報刊雜誌上有關政治、經濟或社會上時事問題的論述時，所發生的暫時性重製行為。

㈨重製政治或宗教上之公開演說、裁判程序中的公開陳述，以及中央機關或地方機關的公開陳述時，所發生的暫時性重製行為。

㈩其他合理使用的情形，例如：基於諷刺漫畫、諷刺文章的目的所做的暫時性重製行為；為了重建、改建或修建房屋，使用建築物的圖片，所做的暫時性重製行為等。

九、權利管理電子資訊

案例

小華經常在網路上觀看各種短片，有廣告片、有預告片，也有一些不知名的影片，他經常看到影片上有「檔案名稱：××××，著作權屬於○○公司」等資訊，這些資訊在著作權法上有何意義？

解析

在傳統著作權法制，著作人可以決定要不要具名或用何種名義發表，這稱為姓名表示權，重在保護著作人的人格尊嚴；我國於九十二年六月修改著作權法後，增訂「權利管理電子資訊」的保護，立法出發點則較偏重於著作人保護著作財產權的完整措施。

著作權的「權利管理資訊」就是指有關著作權利狀態的訊息，諸如著作財產權係由何人享有？由何人行使？受保護的期間到什麼時候？有意價購著作財產權的人，應與何人聯繫洽商？欲利用著作的人，應向什麼人徵求授權？凡此種種與著作權管理相關的訊息，稱之為權利管理資訊。這些著作權利人標示的「權利管理資訊」，通常可以在書籍的版權頁、影片的聲明、唱片的封套上或網頁的告知欄裡看到。關於「權利管理資訊」，除與著作人的人格保護有關外，最主要是考量接觸著作而欲利用之人，如果要得到著作人的授權作合法利用，可以憑藉著著作中的權利管理資訊找到著作權人，與之協商，用意在於降低交易成本，立法增加對權利管理資訊的保護，本無可厚非，不過請讀者留意，此次修法僅針對「權利管理電子資訊」為規範，即將「權利管理資訊」以電子化的方式來標註，才適用相關規定。主管機關認為，於數位化網路環境中，著作權人於著作原件或其重製物，或於著作向公眾傳達時，所附關於權利管理電子資訊如遭移除或變更，將使接觸該著作之人無從知悉正確之權利管理電子資訊，從而依該資訊正確利用該著作，對於著作權人權益之影響，遠甚於非電子權利管理資訊之移除或變更，應特別確保其完整性，不被侵害，於是參照國際公約之規定，就權利管理電子資訊之完整性，增訂保護明文。

依現行著作權法關於權利管理電子資訊的相關規定，除了非移除或變更，否則無法利用著作；或者因為錄製或傳輸系統轉換時，技術上必須要移除或變更的情況之外，未經著作權人許可，任何人都不可以移除或變更著作權人所標示的權利管理電子資訊。而且如果已知道著作原件或其重製物上的權利管理電子資訊，被非法移除或變更了，也不得再把這些著作原件或重製物散布出去，或為了要散布而輸入到我國，甚至禁止意圖散布而持有權利管理電子資訊被非法移除或變更的著作原件或重製物。同樣的，在事先知道著作原件或其重製物上的權利管理電子資訊，已經被非法移除或變更了的情況下，不可以再公開播送、公開演出或公開傳輸這些資訊不正確的著作。如果違反，除了民事賠償責任外，還可能須負擔刑事責任。

相關法規

著作權法

第3條第17款

權利管理電子資訊：指於著作原件或其重製物，或於著作向公眾傳達時，所表示足以確認著作、著作名稱、著作人、著作財產權人或其授權之人及利用期間或條件之相關電子資訊；以數字、符號表示此類資訊者，亦屬之。

第80-1條

著作權人所為之權利管理電子資訊，不得移除或變更。但有下列情形之一者，不在此限：

一　因行為時之技術限制，非移除或變更著作權利管理電子資訊即不能合

法利用該著作。

二　錄製或傳輸系統轉換時，其轉換技術上必要之移除或變更。

明知著作權利管理電子資訊，業經非法移除或變更者，不得散布或意圖散布而輸入或持有該著作原件或其重製物，亦不得公開播送、公開演出或公開傳輸。

第90-3條

違反第八十條之一或第八十條之二規定，致著作權人受損害者，負賠償責任。數人共同違反者，負連帶賠償責任。

第八十四條、第八十八條之一、第八十九條之一及第九十條之一規定，於違反第八十條之一或第八十條之二規定者，準用之。

第96-1條

有下列情形之一者，處一年以下有期徒刑、拘役或科或併科新臺幣二萬元以上二十五萬元以下罰金：

一　違反第八十條之一規定者。

二　違反第八十條之二第二項規定者。

十、防盜拷措施

案例

某唱片公司設立音樂網站，提供付費下載合法音樂檔案，為防止盜拷，針對音樂檔案加密鎖碼，僅提供使用者付費下載，且有限度的複製至其他電腦，使用者可否破解該音樂檔案的加密鎖碼，使著作的利用更為自由？

解析

智慧財產局本即研擬著作權法中的科技保護措施，原希望在九十二年修法時能通過立法，不過未能如願，但在一年後，立法院於九十三年八月二十四日三讀修正通過著作權法，經總統於九十三年九月一日公布，於九十三年九月三日施行，正式增訂科技保護措施，且正式名稱為「防盜拷措施」，主管機關認為這項立法可以爭取我國數位產業發展之契機，符合國內數位產業保護著作權之迫切需求，有助於達成我國「善用網際網路、發展數位產業、電子商務」之「E-Taiwan 願景」。

智慧財產局在推動著作權法中科技保護措施的立法時，曾就增訂科技保護措施的理由，提出幾點方向，可供參考：

㈠由於數位科技、電子網路及其他通訊科技的興起，任何著作都可以輕易地以數位形式(digital)重製，對著作權人產生相當不利的影響，著作權人為保護其權利，因而發展出以鎖碼等科技措施，來禁止或限制別人擅自侵入而接觸或利用其著作的防護方法。

㈡著作財產權人所做的科技保護措施，是要解決資訊科技發達，著作常常處於被人非法在網路上流通，造成重大損害的問題，同時也是建立及維護數位網路環境秩序的機制。

㈢科技保護措施如果任人破解破壞，不僅是破壞者個人單一的行為而已，同時還等於為其他侵權行為人製造了侵入和違法利用著作的機會，這種情況下，常常會造成整個市場大幅流失的結果，著作權人所受損失無法估計而難以填補。

㈣有鑒於此，世界智慧財產權組織(WIPO)因而在一九九六年通過的著作權條約(WIPO Copyright Treaty, WCT)及表演與錄音物條約(WIPO Performances and Phonograms Treaty, WPPT)兩項國際公約裡面，明訂對於科技保護措施，必須給予適當之法律保護及有效之法律救濟。歐盟二○○一年著作權指令第6條、美、日等國也個別在著作權法增訂了有關科技保護措施的相關規定。在現今網路無國界的時代裡，為符合國際遊戲規則和保護標準，以期與世界同步，我國也有必要將科技保護措施納入保護。

前開科技保護措施，在九十三年修法時轉變為「防盜拷措施」，依著作權法第3條第18款的規定「指著作權人所採取有效禁止或限制他人擅自進入或利用著作之設備、器材、零件、技術或其他科技方法」，是著作財產權人為了避免其著作遭人擅自侵入，進而利用，而採取的防護措施。依智慧財產局的看法，這種防護措施，可能是一種設備、一組器材、在機器上加裝的某個零件、一種鎖碼的技術、一組序號或者一個密碼，甚至可能是一種特別的科技方法。不論這個措施所用的方法是什麼，只要能夠有效的禁止或限制別人進入去侵入而接觸著作，或利用著作，都是所謂的科技保護措施。這樣的定義非常廣泛，尤其「只要能夠有效的禁止或限制別人進入去侵入而接觸著作或利用著作」，都算是「防盜拷措施」。

著作權法明文規定禁止破解、破壞或以其他方法規避著作權人所做的防盜拷措施，對於主要是用來破解、破壞或規避著作權人防盜拷措施之設備、器材、零件、技術或資訊，原則上不得製造、輸入、提供公眾使用或為公眾提供服務。同時為了兼顧社會公益及實務需要，也規定了下列九種例外的情形，在這些情況下破解、破壞或規避防盜拷措施，無須負擔民事及刑事責任：

㈠為維護國家安全或公共利益者。

㈡中央或地方機關所為者。

㈢供公眾使用之圖書館、檔案保存及教育機構為評估是否欲取得資料所為者。

㈣為保護未成年人者。

㈤為保護個人資料者。

㈥為電腦或網路進行安全測試者。

㈦為進行加密研究者。

㈧為進行還原工程者。

㈨其他經主管機關所定情形。

九十三年新修正著作權法規定，違反防盜拷措施規定的人，對於著作財產權人因此所受的損害，要負擔民事上的賠償責任。對於製造、販賣破解器材或提供破解服務的人，得科以一年以下有期徒刑、拘役或科或併科新臺幣二萬元以上二十五萬元以下罰金的刑事責任。至於使用者個人的破解行為，並無刑事責任。

「防盜拷措施」的定義抽象而不確定，範圍又廣泛，將來如何適用，恐怕還會有許多爭論。姑先不論網路上對數位資料的加密保護要到何種程度才受「防盜拷措施」保護，就算是一般印刷書刊，如書刊用塑膠封套包裝，不使消費者事先瀏覽，以較誇張的看法，該塑膠封套可能也會被認為是「能夠有效的禁止或限制

別人進入去侵入而接觸著作或利用著作」，而受「防盜拷措施」保護，消費者如無購買之意而將塑膠封套除去，恐怕不只是花錢將書刊買下的問題，可能還有另外民事賠償的威脅。此外，著作權法的理念在於，賦予權利人獨占權，以交換其著作得以在社會流通，增進知識累積與文化發展，而防盜拷措施固能加強保護權利人，但在促進著作流通層面，顯然也增加了限制，主管機關依著作權法第80–2條第2項「定期檢討」違反防盜拷措施的免責規定時，宜多考量如何平衡權利人的私益與公眾利益。

相關法規

著作權法

第3條第18款

防盜拷措施：指著作權人所採取有效禁止或限制他人擅自進入或利用著作之設備、器材、零件、技術或其他科技方法。

第80–2條

著作權人所採取禁止或限制他人擅自進入著作之防盜拷措施，未經合法授權不得予以破解、破壞或以其他方法規避之。

破解、破壞或規避防盜拷措施之設備、器材、零件、技術或資訊，未經合法授權不得製造、輸入、提供公眾使用或為公眾提供服務。

前二項規定，於下列情形不適用之：

一　為維護國家安全者。

二　中央或地方機關所為者。

三　檔案保存機構、教育機構或供公眾使用之圖書館，為評估是否取得資料所為者。

四　為保護未成年人者。

五　為保護個人資料者。

六　為電腦或網路進行安全測試者。

七　為進行加密研究者。

八　為進行還原工程者。

九　其他經主管機關所定情形。

前項各款之內容，由主管機關定之，並定期檢討。

第90-3條

違反第八十條之一或第八十條之二規定，致著作權人受損害者，負賠償責任。數人共同違反者，負連帶賠償責任。

第八十四條、第八十八條之一、第八十九條之一及第九十條之一規定，於違反第八十條之一或第八十條之二規定者，準用之。

第96-1條

有下列情形之一者，處一年以下有期徒刑、拘役或科或併科新臺幣二萬元以上二十五萬元以下罰金：

一　違反第八十條之一規定者。

二　違反第八十條之二第二項規定者。

十一、侵害著作權的刑事責任

案例

小包在網路上下載了好幾首流行歌曲，並燒成光碟，餽贈同學朋友；老包在市場賣盜版光碟，採「良心監視」法，也就是僅在攤位上擺放錢箱，然後躲在暗中監視，警察一來就落跑。現行法對侵害著作權的刑事責任如何規定？

解析

刑法的效果具有嚴厲的強制性，或剝奪犯罪人的生命或自由，或剝奪犯罪人一定的財產，是所有法律手段中最具威嚇性也最具痛苦性的，所以一項行為是不是應該視為犯罪？應處以何種程度的刑罰？國家都應謹慎為之，在本質上並非侵害重大法益的情形，並沒有使用刑罰制裁的必要。侵害智慧財產權是否應負刑事責任，一直受到熱烈討論，許多意見認為在知識經濟時代，侵害智慧財產權將使社會經濟活動受到嚴重傷害，應該算是犯罪，世界貿易組織(WTO)的與貿易有關的智慧財產權協定(TRIPs)第61條也要求會員國至少應對符合商業規模的仿冒商標及盜版著作權行為施以刑事制裁，我國目前專利法已完全除罪化，商標法及著作權法均仍有刑罰規定，且著作權法的刑罰規定比TRIPs要求的「商業規模」要件廣泛。我國於九十二年七月十一日施行新著作權法，有大幅修改，關於刑事責任也有不少的改變：刪除侵害著作人格權的刑罰、區分意圖營利與非意圖營利侵害著作權、非意圖營利侵權須達一定門檻、提高罰金刑、擴大非告訴乃論範圍、增加司法警察機關得逕為沒入的規定等，不過新法施行才滿一年，又在美國貿易談判壓力下，九十三年八月二十四日立法院又三讀修正條文，九十三年九月一日總統公布，九十三年九月三日施行，將罰則條文之「意圖營利」與「非意圖營利」及「五份」、「五件」與「新臺幣三萬元」的規定刪除，並將「為了銷售、出租而盜版光碟」與「銷售盜版光碟」二種侵害之罰則予以加重，將自由刑下限，從現行法「拘役」提高到「六個月」有期徒刑。以下簡要說明：

一、侵害著作重製權罪

㈠九十二年七月十一日至九十三年九月二日間

重製權是著作財產權最傳統也是最重要的內容，在印刷術時代，著作人藉重製權控制著作用途，獲取市場利益，即便到了網路時代，重製權的範圍也擴大到幾乎所有的使用電腦或網路行為都是重製的範圍，九十二年七月十一日至九十三年九月二日間，著作權法第91條就針對侵害重製權制定嚴厲的刑事責任，嚴厲可不是隨便說說，從下表比較可以得知，意圖營利重製罪之刑責最重五年，與刑法上竊盜罪相同，罰金刑甚至還比竊盜罪重，縱使非意圖營利的罰則三年，也與刑法第268條之「圖利供給賭場或聚眾賭博罪」相同，而若意圖營利以重製於光碟的方式侵害他人之著作財產權，還屬非告訴乃論之罪。如此重的刑罰制裁，頗有亂世用重典的思維，依現在使用網路容易觸法者以學生居多的情形，學生宿舍不用怕擁擠，恐怕要多蓋些學生監獄了。以案例中小包而言，他在網路上下載了好幾首流行歌曲，顯然不會經過著作權人同意，燒成光碟，餽贈同學朋友，依一般情形，該光碟所包含歌曲絕不會少於五首，則依著作權法第91條第2項，可處三年以下有期徒刑、拘役，或科或併科新臺幣七十五萬元以下罰金，如果是連續犯，還要加重其刑至二分之一。如果小包意圖營利，則依著作權法第91條第3項，處五年以下有期徒刑、拘役，或併科新臺幣五十萬元以上五百萬元以下罰金，而且還是非告訴乃論。

九十二年七月十一日至九十三年九月二日著作權法第91條

法條依據	著作權法 第91條第1項 意圖營利重製罪	著作權法 第91條第2項 非意圖營利重製罪	著作權法 第91條第3項 意圖營利重製光碟罪	刑法 第320條第1項 竊盜罪
主觀犯意	意圖營利	非意圖營利	意圖營利	意圖為自己或第三人不法之所有
客觀行為	以重製之方法侵害他人之著作財產權。	以重製之方法侵害他人之著作財產權，重製份數超過五份，或其侵害總額按查獲時獲得合法著作重製物市價計算，超過新臺幣三萬元者。	以重製於光碟之方法犯第一項之罪。	竊取他人之動產。
刑責	處五年以下有期徒刑、拘役，或併科新臺幣二十萬元以上二百萬元以下罰金。	處三年以下有期徒刑、拘役，或科或併科新臺幣七十五萬元以下罰金。	處五年以下有期徒刑、拘役，或併科新臺幣五十萬元以上五百萬元以下罰金。	五年以下有期徒刑、拘役或五百元以下罰金。
告訴乃論與否	告訴乃論之罪	告訴乃論之罪	非告訴乃論之罪	非告訴乃論之罪

㈡九十三年九月三日新著作權法施行後

前開著作權法罰則章在九十二年修正通過後，智慧財產局認為在執行實務上，發生若干困難，包括:「意圖營利」與「非意圖營利」無法明確判斷，例如影印店非法影印、公司為營業目的而盜版軟體、廠商賣硬體、送盜版軟體等，判決實務上有認為是「意圖營利」，有認為是「非意圖營利」，相當分歧。此外，關於五份、五件、新臺幣三萬元之規定，未臻明確，適用上亦發生疑義。而企業為營業之目的而非法重製光碟（主要是以盜版電腦程式做營業之用），大多數案件被認為屬「意圖營利」，故加重處罰（法定刑上限：五年），且進入非告訴乃論罪（第100條）之範圍，權利人與利用人反而失去民事和解的空間，對於企業造成困擾。為解決上述問題，此次修正將罰則條文之「意圖營利」與「非意圖營利」及「五份」、「五件」與「新臺幣三萬元」的規定刪除。此外，為有效遏阻盜版光碟的製造與散布，修正條文將可罰性最高的侵害，也就是「為了銷售、出租而盜版光碟」與「銷售盜版光碟」二種侵害之罰則予以加重，將自由刑下限，從現行法「拘役」提高到「六個月」有期徒刑。至於可罰性較低侵害型態的罰則，則維持現行法，並未變更。上面所談到的修正，智慧財產局認為可「兼顧著作權保護與整體刑事政策之平衡，相當理想」，卻完全未考量社會因法安定性被破壞所引發的混亂，尤其在短短一年多的期間，大幅度修改著作權法，如果此次修法是「理想」，則同樣的主管機關、同樣的立法委員，怎會在一年前修出「不理想的」法律？

部分立法委員擔心九十三年修法後對於非營利使用的空間壓縮，對民眾不利，所以在立法說明中特別註明：「縱使是超越合理使用範圍，構成侵害，是否舉發、是否處罰，檢察官與法官仍應考量侵害的金額及數量，予以裁量。」換句話說，檢察官與法官有充分「微罪不舉」、「微罪不罰」的裁量空間。而主管機關亦將之解讀為「此次修法雖刪除『非意圖營利』三萬、五份、五件的條件，但並無意影響具體個案之判斷」。問題是檢察官與法官「微罪不舉」、「微罪不罰」的裁量空間並不來自於著作權法修法的立法說明，而國內司法在政府貿易談判及權利人團體的壓力下，能有多少「微罪不舉」、「微罪不罰」的裁量空間，實值觀察。另外此次修法在第91條第4項增訂「著作僅供個人參考或合理使用者，不構成著作權侵害」，除合理使用免責本即在第65條第1項有規定外，似乎創設「個人使用」免責的空間，頗值重視。

九十三年九月三日施行之著作權法第91條

法條依據	著作權法 第91條第1項 重製罪	著作權法 第91條第2項 意圖銷售或出租之重製罪	著作權法 第91條第3項 意圖銷售或出租之重製光碟罪
主觀犯意	有重製之故意即可（不區分營利或非營利）	重製之故意 意圖銷售或出租	重製光碟之故意 意圖銷售或出租
客觀行為	以重製之方法侵害他人之著作財產權	以重製之方法侵害他人之著作財產權	以重製於光碟之方法犯第二項之罪
刑責	處三年以下有期徒刑、拘役，或併科新臺幣七十五萬元以上二百萬元以下罰金。	處六月以上五年以下有期徒刑，得併科新臺幣二十萬元以上二百萬元以下罰金。	處六月以上五年以下有期徒刑，得併科新臺幣五十萬元以上五百萬元以下罰金。
免責規定	著作僅供個人參考或合理使用者，不構成著作權侵害。	著作僅供個人參考或合理使用者，不構成著作權侵害。	著作僅供個人參考或合理使用者，不構成著作權侵害。
告訴乃論與否	告訴乃論之罪	告訴乃論之罪	非告訴乃論之罪

二、侵害散布權罪

㈠九十二年七月十一日至九十三年九月二日間

散布權在有些國家的著作權法中稱之為發行權，就是說著作權人專有散布其著作物，使之在市場上交易或流通的權利。通常散布著作的方式有兩種，一種是以銷售、出租、贈與等移轉所有權的方法，將著作物提供公眾交易或流通，一種則是以出租或出借的方法，將著作物提供公眾流通。我國著作權法立法之初，並未賦予著作人散布權，七十四年修正著作權法時，才賦予著作人出租權，也就是一部分的散布權。八十一年修正著作權法，參照日本立法例，於著作權法第87條訂定視為侵害的規定，把明知為盜版物而仍予散布的行為，視作是侵害著作財產權的行為，雖然沒有給予完整的散布權保護，也算是多少給著作人一部分散布權的實質保護。九十二年修法時則正式納入散布權，即第28-1條規定：「著作人除本法另有規定外，專有以移轉所有權之方式，散布其著作之權利。表演人就其經重製於錄音著作之表演，專有以移轉所有權之方式散布之權利。」並規定侵害散布權需負刑事責任。散布的方式有以移轉所有權之方法（出售或贈與）散布著作原件或其重製物、出租及出借，而刑事責任所適用法條也不一樣，請參考下表。

九十二年七月十一日至九十三年九月二日著作權法關於侵害散布權的規定

侵害散布權態樣	以移轉所有權之方法（出售或贈與）散布著作原件或其重製物	以出租方式散布著作原件或其重製物	以出借方式散布著作原件或其重製物
著作權法規定	第91-1條	第92條	第93條
意圖營利	意圖營利而以移轉所有權之方法散布著作原件或其重製物而侵害他人之著作財產權者，處三年以下有期徒刑、拘役，或科或併科新臺幣七十五萬元以下罰金。	意圖營利而以出租之方法侵害他人著作財產權者，處三年以下有期徒刑、拘役，或併科新臺幣七十五萬元以下罰金。	意圖營利而有下列情形之一者，處二年以下有期徒刑、拘役，或併科新臺幣五十萬元以下罰金：二　以第八十七條第二款、第三款、第五款或第六款之方法侵害他人之著作財產權者。
非意圖營利	非意圖營利而以移轉所有權之方法散布著作原件或其重製物，或意圖散布而公開陳列或持有而侵害他人之著作財產權者，散布份數超過五份，或其侵害總額按查獲時獲得合法著作重製物市價計算，超過新臺幣三萬元者，處二年以下有期徒刑、拘役，或科或併科新臺幣五十萬元以下罰金。	非意圖營利而犯前項之罪，其所侵害之著作超過五件，或權利人所受損害超過新臺幣三萬元者，處二年以下有期徒刑、拘役，或科或併科新臺幣五十萬元以下罰金。	非意圖營利而犯前項之罪，其重製物超過五份，或權利人所受損害超過新臺幣三萬元者，處一年以下有期徒刑、拘役，或科或併科新臺幣二十五萬元以下罰金。

意圖營利以光碟為重製物（非告訴乃論）	犯第一項之罪，其重製物為光碟者，處三年以下有期徒刑、拘役，或併科新臺幣一百五十萬元以下罰金。		
減刑規定	犯前項之罪，經供出其物品來源，因而破獲者，得減輕其刑。		

㈡九十三年九月三日新著作權法施行後

九十三年九月三日新著作權法施行後，對於散布權的保護原則上並未修改，不過因為配合刪除意圖營利與非意圖營利，前開規定仍做相對性的修改。

九十三年九月三日新著作權法施行後關於侵害散布權的規定

侵害散布權態様	以移轉所有權之方法散布	以出租方式散布	以出借方式散布
著作權法規定	第91-1條	第92條	第93條
散布的保護	擅自以移轉所有權之方法散布著作原件或其重製物而侵害他人之著作財產權者，處三年以下有期徒刑、拘役，或科或併科新臺幣五十萬元以下罰金。	擅自以公開口述、公開播送、公開上映、公開演出、公開傳輸、公開展示、改作、編輯、出租之方法侵害他人之著作財產權者，處三年以下有期徒刑、拘役，或科或併科新臺幣七十	有下列情形之一者，處二年以下有期徒刑、拘役，或科或併科新臺幣五十萬元以下罰金： 三　以第八十七條第一款、第三款、第五款或第六款方法之一侵害他人之著作權

		五萬元以下罰金。	者。但第九十一條之一第二項及第三項規定情形，不包括在內。
	明知係侵害著作財產權之重製物而散布或意圖散布而公開陳列或持有者，處三年以下有期徒刑，得併科新臺幣七萬元以上七十五萬元以下罰金。		
意圖營利以光碟為重製物（非告訴乃論）	犯前項之罪，其重製物為光碟者，處六月以上三年以下有期徒刑，得併科新臺幣二十萬元以上二百萬元以下罰金。但違反第八十七條第四款規定輸入之光碟，不在此限。		
減刑規定	犯前二項之罪，經供出其物品來源，因而破獲者，得減輕其刑。		

三、侵害其他著作財產權罪

即著作權法第92條規定，此規定於九十二年七月十一日施行的新法規定為：「意圖營利而以公開口述、公開播送、公開上映、公開演出、公開傳輸、公開展示、改作、編輯或出租之方法侵害他人著作財產權者，處三年以下有期徒刑、拘役，或併科新臺幣七十五萬元以下罰金。非意圖營利而犯前項之罪，其所侵害之著作超過五件，或權利人所受損害超過新臺幣三萬元者，處二年以下有期徒刑、拘役，或科或併科新臺幣五十萬元以下罰金。」不過九十三年九月十一日新法施行後，刪除營利或非營利的區分，並再提高刑罰，修正為「擅自以公開口述、公開播送、公開上映、公開演出、公開傳輸、公開展示、改作、編輯、出租之方法侵害他人之著作財產權者，處三年以下有期徒刑、拘役，或科或併科新臺幣七十五萬元以下罰金」。

與網路使用者最有關聯的當屬侵害公開傳輸權的情形，依目前法制，將未經授權的著作置於網站上、在留言板或貼圖區張貼未經授權的文章或圖片、開放自己的電腦供人以P2P軟體下載未經授權的檔案，都很有可能會被認為是侵害公開傳輸權，不得不慎。

四、視為侵害著作權罪

即著作權法第93條，此規定於九十二年七月十一日修法施行的規定：「意圖營利而有下列情形之一者，處二年以下有期徒刑、拘役，或併科新臺幣五十萬元以下罰金：一　違反第七十條規定者。二　以第八十七條第二款、第三款、第五款或第六款之方法侵害他人之著作財產權者。非意圖營利而犯前項之罪，其重製物超過五份，或權利人所受損害超過新臺幣三萬元者，處一年以下有期徒刑、拘役，或科或併科新臺幣二十五萬元以下罰金。」不過九十三年九月十一日新法施行後，刪除營利或非營利的區分，修

正為:「有下列情形之一者，處二年以下有期徒刑、拘役，或科或併科新臺幣五十萬元以下罰金：一、侵害第十五條至第十七條規定之著作人格權者。二、違反第七十條規定者。三、以第八十七條第一款、第三款、第五款或第六款方法之一侵害他人之著作權者。但第九十一條之一第二項及第三項規定情形，不包括在內。」

此條文中較重要的是有關真品平行輸入的問題，在本書後面的單元會再詳細介紹。

五、司法警察機關逕為沒入

臺灣特有的夜市文化之一就是販賣盜版光碟，警察一查緝，常常只見滿地的光碟，卻無法確定販賣的人，為了明確規範沒收盜版品的依據，九十二年修法時，著作權法第98-1條規定，「犯第九十一條第三項或第九十一條之一第三項之罪，其行為人逃逸而無從確認者，供犯罪所用或因犯罪所得之物，司法警察機關得逕為沒入。前項沒入之物，除沒入款項繳交國庫外，銷燬之。其銷燬或沒入款項之處理程序，準用社會秩序維護法相關規定辦理。」

六、提高罰金刑

九十二年修法時，除對侵害著作財產權的各種態樣，大幅度提高罰金的額度，而且在九十三年修法時，立法諸公又將部分侵權態樣的罰金刑提高。九十二年修法時增訂第96-2條「依本章科罰金時，應審酌犯人之資力及犯罪所得之利益。如所得之利益超過罰金最多額時，得於所得利益之範圍內酌量加重」。這樣的規定是不是有違「罪刑法定主義」中的罪刑明確原則，恐有研究琢磨的空間。

著作權法

第94條

以犯第九十一條第一項、第二項、第九十一條之一、第九十二條或第九十三條之罪為常業者，處一年以上七年以下有期徒刑，得併科新臺幣三十萬元以上三百萬元以下罰金。

以犯第九十一條第三項之罪為常業者，處一年以上七年以下有期徒刑，得併科新臺幣八十萬元以上八百萬元以下罰金。

第98條

犯第九十一條至第九十六條之一之罪，供犯罪所用或因犯罪所得之物，得沒收之。但犯第九十一條第三項及第九十一條之一第三項之罪者，其得沒收之物，不以屬於犯人者為限。

第99條

犯第九十一條至第九十五條之罪者，因被害人或其他有告訴權人之聲請，得令將判決書全部或一部登報，其費用由被告負擔。

第100條

本章之罪，須告訴乃論。但犯第九十一條第三項、第九十一條之一第三項及第九十四條之罪，不在此限。

第101條

法人之代表人、法人或自然人之代理人、受雇人或其他從業人員，因執行業務，犯第九十一條至第九十六條之一之罪者，除依各該條規定處罰其行為人外，對該法人或自然人亦科各該條之罰金。

對前項行為人、法人或自然人之一方告訴或撤回告訴者，其效力及於他方。

第102條

未經認許之外國法人，對於第九十一條至第九十六條之一之罪，得為告訴或提起自訴。

第103條

司法警察官或司法警察對侵害他人之著作權或製版權，經告訴、告發者，得依法扣押其侵害物，並移送偵辦。

十二、五份、五件、三萬元——非營利侵害著作財產權罪的門檻（九十二年七月十一日至九十三年九月二日間的著作權法）

案例

大明愛好運動，在網站上放了五篇球評供人瀏覽，只不過這五篇球評都是別人寫的，而且大明也沒有經過作者的授權；小華把自己常用的程式備份燒錄成光碟，本僅供自己使用，後來同學知道了，常常跟小華要求多燒一張程式光碟，小華亦有求必應。像大明與小華這種非營利的使用網路或電腦行為，會不會有刑事責任？

解析

雖然九十三年九月三日開始施行的新著作權法關於「意圖營利」與「非意圖營利」及「五份」、「五件」與「新臺幣三萬元」的規定均予以刪除，不過基於法律不溯既往，在九十二年七月十一日起至九十三年九月二日止，關於侵害著作權，仍有「意圖營利」與「非意圖營利」及「五份」、「五件」與「新臺幣三萬元」相關問題的適用。

前面提過，九十二年七月十一日施行的著作權法關於刑事責任概分為意圖營利與非意圖營利，如果是非意圖營利，法律條文設有「超過五份」、「超過五件」、「超過三萬元」等限制，究竟這些數量金額在實際上如何運用，頗有討論空間，經濟部智慧財產局在民國九十二年九月五日以經智字第〇九二〇四六一一一二〇號對此相關問題作有解釋，以下就智慧局的解釋進一步說明。

一、與合理使用的關係

首先必須釐清的是，如果對於著作的利用符合了合理使用的要件，就沒有侵害著作權的問題，而著作權法第91條第2項、第91-1條第2項、第92條第2項及第93條第2項規定之利用著作「超過五份」、「超過五件」、「超過三萬元」之數量、金額，與是否符合合理使用並無關聯。經濟部智慧財產局的解釋特別說明，是否符合著作權法第44條至第65條之合理使用，應由法院適用合理使用相關條文，依具體個案事實認定之，不受著作權法第七章罰則所定「份數」、「件數」或「金額」之限制，也就是說，如認利用之結果係符合著作權法第44條至第65條之合理使用，並不因其超過第七章罰則所定「份數」、「件數」或「金額」，即否認其為合理使用而予以處罰。從智慧局的解釋反面觀察，也不會因為利用著作「不超過五份」、「不超過五件」、「不超過三萬元」之數量、金額，就認為著作的利用是合理使用，如果無法因合理使用免責，則即使是「不超過五份」、「不超過五件」、「不超過三萬元」，也僅能免

除刑事責任，但仍需負民事責任。

二、新臺幣三萬元的計算

關於第91條第2項、第91-1條第2項、第92條第2項及第93條第2項規定之新臺幣三萬元的計算，經濟部智慧局的解釋認為，應以多次侵害行為累積之總和為準，不問：

⑴被侵害著作之權利人是否同一人；

⑵被侵害著作是否為同一著作或同一著作類別。

三、「份」與「件」的區別

關於第91條第2項、第91-1條第2項及第93條第2項條文所稱「五份」與第92條第2項「五件」之意義，經濟部智慧局的解釋認為：

㈠五份：第91條、第91-1條所處罰之重製、散布行為，所重製、散布者，一般以有體物為主，故以「有體物」之份數為計算基礎。惟如所重製者，非「有體物」時（例如重製在硬碟之情形），則以著作件數為計算基礎。

㈡五件：第92條所處罰之行為以公開之態樣為主，因公開行為係傳達著作內容，未涉有體之重製物之概念，故以著作件數計算。至於第92條不屬「公開」之態樣，例如「出租」，仍以「五份」、「有體物」之總數計算之。

總之，依經濟部智慧財產局的說法，有體物就稱「份」，未涉有體重製物則稱「件」。

四、第91條第2項、第91-1條第2項及第93條第2項條文所稱「五份」之計算標準，依經濟部智慧財產局的解釋

㈠有實體物侵害時：依實體侵害物個數為準，不問：

⑴被侵害著作之權利人是否同一人；

⑵被侵害著作是否為同一著作或同一著作類別；

⑶依查獲後最後認定犯罪事實之份數為準（不問個別侵害行為之時間點，如查獲份數未達到規定時，視行為人是否承認先前所作其他份數；如份數未達到規定，其亦不承認先前份數，再視其金額是否超過，未超過就不成罪）。

㈡無實體物侵害時（例如重製在硬碟中之情形）：依著作件數決定行為人侵害之份數。

依照法律條文的意旨，「重製或散布份數超過五份」，應該是指單一的著作重製或散布超過五份（例如：張惠妹的最新專輯被燒錄五份以上），不過經濟部智慧局的解釋可不如此認為，上開解釋認為有實體物受侵害時，不問是否為同一著作，只要查獲時有超過五份的重製物，就構成犯罪，這樣的看法非常恐怖，假設我手上有張惠妹、蕭亞軒、許慧欣、劉德華、張學友、周華健的原版專輯唱片各一張，我各燒錄一片送給女朋友，依經濟部智慧財產局的解釋，我重製的份數已超過五份了，如果沒有合理使用情形，就應負刑事責任。這項解釋似乎是過於嚴苛，現在學生的電腦內所重製未經授權的著作，恐怕沒有五百也有五十，早就超過五份或五件了。法院依法獨立審判，並不受行政機關解釋的拘束，但卻常常受到其解釋的影響，未來如何發展，還有待於法院依個案來判斷。

經濟部智慧局的解釋中，還有一項值得注意的標準就是「如

查獲份數未達到規定時，視行為人是否承認先前所作其他份數；如份數未達到規定，其亦不承認先前份數，再視其金額是否超過，未超過就不成罪」，這個標準與刑事訴訟法的舉證責任無關，把是否定罪的證據取決於「行為人是否承認先前所作其他份數」，頗為有趣，在此只能提醒讀者，國民好像沒有承認的義務。

五、第92條第2項所稱「五件」之計算標準，依經濟部智慧財產局的解釋

依被侵害之件數為準，不問：

⑴被侵害著作之權利人是否同一人；

⑵被侵害著作是否為同一著作或同一著作類別；

⑶依查獲後最後認定犯罪事實之件數為準（不問個別侵害行為之時間點，如查獲件數未達到規定時，視行為人是否承認先前所作其他件數；如件數未達到規定，其亦不承認先前件數，再視其金額是否超過，未超過就不成罪)。

本項解釋的說明同四、部分的說明，再次提醒讀者，別隨便把承認當美德。

立法院於九十三年八月二十四日三讀修正通過著作權法，經總統於九十三年九月一日公布，於九十三年九月三日施行，此次修法則將「意圖營利」與「非意圖營利」及「五份」、「五件」與「新臺幣三萬元」的規定刪除，但基於法律不溯既往，在修法前的行為仍有適用當時規定的可能，在此要注意的是，基於刑法第2條「從新從輕原則」，如果在九十三年修法前，可以依前開「意圖營利」與「非意圖營利」及「五份」、「五件」與「新臺幣三萬

元」等規定免責減輕刑責者，雖然在裁判時已修法刪除該等規定，仍應比較新舊法，適用較輕即較有利於行為人的法律。

刑法

第2條

行為後法律有變更者，適用裁判時之法律。但裁判前之法律有利於行為人者，適用最有利於行為人之法律。

十三、侵害著作權的民事賠償

案例

大些茶亭因有多家連鎖店，為趕上數位浪潮，積極架設網站，並在網站上標示個別連鎖店的資訊，但是未經某地圖網站同意，就將該地圖網站的地圖下載，並移去原地圖上著作權聲明標示，再將之複製至自己的網頁上，除了刑事責任外，大些茶亭的民事責任為何？

解析

我國目前著作權法對侵害著作財產權的行為，多設有刑事處罰規定，而刑事處罰是國家針對犯罪所為具強制性、痛苦性的制裁，主要目的在於預防犯罪的發生；常有民眾問，既然被法院判

刑了，是否就不用再對被害人賠償了，答案當然不是這樣的。民眾的私人權益受到侵害，站在公平正義的立場，應使被害人的損害能迅速而完整的填補，這也是民事侵權行為制度的主要機能，而且侵權行為法制也能藉由規定何種行為應負賠償責任，來確定一般行為人所遵行的規範，或嚇阻侵害行為的發生，達到預防危害發生的目的。

著作權是一私權，如受侵害，被害人對於侵害狀態得請求排除，如有侵害之虞可請求防止，如有損害並可請求侵權人為損害賠償，原是傳統民法侵權行為規範的內容，不過著作權法對於侵害著作權的行為另有規範，應視作是民法的特別法。著作權區分為著作人格權與著作財產權，前者包括姓名表示權、公開發表權、同一性保持權，屬於對著作人人格的保護；後者是權利人藉以著作用途，獲取各種不同市場收益的工具，我國目前著作權法給予權利人控制十種用途的著作財產權：㈠重製權㈡改作權㈢公開口述權㈣公開播送權㈤公開上映權㈥公開演出權㈦公開展示權㈧公開傳輸權㈨散布權㈩出租權。

人格權受侵害時，得請求法院除去其侵害，有受侵害之虞時，得請求防止之。不法侵害他人之名譽或不法侵害其他人格法益而情節重大者，被害人雖非財產上之損害，亦得請求賠償相當之金額，此在民法第18條第1項、第195條第1項分別定有明文。而依同法第18條第2項規定，人格權受侵害時，以法律有特別規定者為限，得請求損害賠償或慰撫金。侵害著作人格權者，負損害賠償責任；雖非財產上之損害，被害人亦得請求賠償相當之金額，著作權法

第85條第1項已有特別規定，如果主張著作其著作被重製之人格權，原則上就適用著作權法的特別規定。所謂侵害著作人格權，係指：㈠未經著作人同意，擅自公開發表著作人尚未公開發表之著作；㈡未經著作人同意，擅自於著作人之著作原件或其重製物或於著作公開發表時，更改著作人之本名、筆名或擅自具名；㈢未經著作人同意，擅自更改著作之內容、形式及名目等情形，致損害著作人之名譽者而言。著作人格權被侵害者，權利人可要求的民事救濟有：

一、金錢賠償。不過法律並無明定計算標準，審酌被害人及加害人之地位、家況、並被害人所受痛苦之程度暨其他一切情事，由法官依個案斟酌決定。

二、回復名譽。被害人除請求金錢賠償外，並得請求表示著作人之姓名或名稱、更正內容或為其他回復名譽之適當處分。

三、判決書公布。著作權被侵害時，被害人得請求以侵害人之費用，將判決書內容全部或一部登載新聞紙、雜誌。

四、銷燬。被害人請求賠償時，對侵害行為作成之物或主要供侵害所用之物，得請求銷燬或為其他必要之處置。

著作財產權是法律給予著作人之報酬，當著作財產權被侵害，即表示權利人無法依市場機能獲取報酬，救濟方式為向侵害人求償。依現行法，著作財產權有：㈠重製權㈡改作權㈢公開口述權㈣公開播送權㈤公開上映權㈥公開演出權㈦公開展示權㈧公開傳輸權㈨散布權㈩出租權等，並各規範權利內容，已如前述，如被侵害，權利人可要求的民事救濟有：

一、金錢賠償。被害人得依下列規定擇一請求：

㈠依民法第216條之規定請求。但被害人不能證明其損害時，得以其行使權利依通常情形可得預期之利益，減除被侵害後行使同一權利所得利益之差額，為其所受損害。

㈡請求侵害人因侵害行為所得之利益。但侵害人不能證明其成本或必要費用時，以其侵害行為所得之全部收入，為其所得利益。

權利人如選擇依第1款求償，舉證責任較重，如選擇依第2款請求侵害人因侵害行為所得利益時，被害人仍要證明侵害人侵害的全部收入，但可不必證明侵害人之實際利益，反而是由侵害人證明其成本及必要費用。

在實際的情形，被害人經常不易證明其實際損害額，此時得請求法院依侵害情節，在新臺幣一萬元以上一百萬元以下酌定賠償額。如損害行為屬故意且情節重大者，賠償額得增至新臺幣五百萬元。

二、判決書公布。著作財產權被侵害時，無回復名譽的問題，但是被害人仍得請求以侵害人之費用，將判決書內容全部或一部登載新聞紙、雜誌。

三、銷燬。被害人請求賠償時，對侵害行為作成之物或主要供侵害所用之物，得請求銷燬或為其他必要之處置。

九十二年修法增訂的權利管理電子資訊保護措施，本質上兼有著作人格權及著作財產權的特質，新法亦規定如有違反權利管理電子資訊保護措施，致著作權人受損害時，應負賠償責任。

最後要特別注意的是，前面說的損害賠償請求權有短期時效的適用，即自請求權人知有損害及賠償義務人時起二年間不行使而消滅。自有侵權行為時起，逾十年者亦同。請求權罹於消滅時效時，債務人得拒絕給付。

相關法規

著作權法

第84條

著作權人或製版權人對於侵害其權利者，得請求排除之，有侵害之虞者，得請求防止之。

第85條

侵害著作人格權者，負損害賠償責任。雖非財產上之損害，被害人亦得請求賠償相當之金額。

前項侵害，被害人並得請求表示著作人之姓名或名稱、更正內容或為其他回復名譽之適當處分。

第86條

著作人死亡後，除其遺囑另有指定外，下列之人，依順序對於違反第十八條或有違反之虞者，得依第八十四條及前條第二項規定，請求救濟：

一　配偶。

二　子女。

三　父母。

四　孫子女。

五　兄弟姊妹。

六　祖父母。

第88條

因故意或過失不法侵害他人之著作財產權或製版權者，負損害賠償責任。數人共同不法侵害者，連帶負賠償責任。

前項損害賠償，被害人得依下列規定擇一請求：

一　依民法第二百十六條之規定請求。但被害人不能證明其損害時，得以其行使權利依通常情形可得預期之利益，減除被侵害後行使同一權利所得利益之差額，為其所受損害。

二　請求侵害人因侵害行為所得之利益。但侵害人不能證明其成本或必要費用時，以其侵害行為所得之全部收入，為其所得利益。

依前項規定，如被害人不易證明其實際損害額，得請求法院依侵害情節，在新臺幣一萬元以上一百萬元以下酌定賠償額。如損害行為屬故意且情節重大者，賠償額得增至新臺幣五百萬元。

第88-1條

依第八十四條或前條第一項請求時，對於侵害行為作成之物或主要供侵害所用之物，得請求銷燬或為其他必要之處置。

第89條

被害人得請求由侵害人負擔費用，將判決書內容全部或一部登載新聞紙、雜誌。

第89-1條

第八十五條及第八十八條之損害賠償請求權，自請求權人知有損害及賠償義務人時起，二年間不行使而消滅。自有侵權行為時起，逾十年者亦同。

第90條

共同著作之各著作權人，對於侵害其著作權者，得各依本章之規定，請求救濟，並得按其應有部分，請求損害賠償。

前項規定，於因其他關係成立之共有著作財產權或製版權之共有人準用之。

第90-3條

違反第八十條之一或第八十條之二規定，致著作權人受損害者，負賠償責任。數人共同違反者，負連帶賠償責任。

第八十四條、第八十八條之一、第八十九條之一及第九十條之一規定，於違反第八十條之一或第八十條之二規定者，準用之。

民法

第216條

損害賠償，除法律另有規定或契約另有訂定外，應以填補債權人所受損害及所失利益為限。

依通常情形，或依已定之計劃、設備或其他特別情事，可得預期之利益，視為所失利益。

十四、真品平行輸入與侵害著作權

案例

小米出國旅遊，發現國外軟體及影音光碟比國內便宜太多(資策會曾有研究指出，臺灣軟體價格較國際高150%)，甚至連盜版品都比臺灣盜版品便宜，於是決定大量採購，以供個人使用並餽贈親友，但聽導遊說，著作權法對這種行為有許多限制，究竟是怎麼一回事？

解析

前面曾提到，著作權區分為著作人格權與著作財產權，侵害著作人格權及著作財產權，都須負擔民事損害賠償責任，如侵害著作財產權，更可能須負擔刑事責任，關於著作人格權及著作財產權的內容，著作權法都有明文規定，則是否侵害著作權，本來只要檢驗侵害行為是否符合著作權法所規定的人格權及財產權內容要件，但是著作權法第87條還規定了幾種態樣，本質上雖不是侵害著作權內容的行為，但是那幾種情形容易造成非法重製物的流通，所以法律以「視為侵害著作權」的立法技術加以規範，以遏阻非法重製物流通，而達實質保護著作人權利的目的，詳細說，著作權法第87條規定，有下列情形之一者，原則上視為侵害著作權或製版權：

一、以侵害著作人名譽之方法利用其著作者。（九十二年修法刪除，九十三年修法再增訂）

二、明知為侵害製版權之物而散布或意圖散布而公開陳列或持有者。

三、輸入未經著作財產權人或製版權人授權重製之重製物或製版物者。

四、未經著作財產權人同意而輸入著作原件或其重製物者。

五、明知係侵害電腦程式著作財產權之重製物而作為營業之使用者。

六、明知為侵害著作財產權之物而以移轉所有權或出租以外之方式散布者，或明知為侵害著作財產權之物意圖散布而公開陳列或持有者。

對於上開「視為侵害著作權」中，著作權法第87條第4款的規定，簡單說就是不准真品平行輸入，而此條款頗為嚴厲，如嚴格遵守，不利消費者權益，且有礙著作流通，在考量著作權人私益及公共利益的平衡，著作權法第87-1條就禁止真品平行輸入設有例外規定，即認為在以下各種情形的真品輸入不被認為侵害著作權：

一、為供中央或地方機關之利用而輸入。但為供學校或其他教育機構之利用而輸入或非以保存資料之目的而輸入視聽著作原件或其重製物者，不在此限。

二、為供非營利之學術、教育或宗教機構保存資料之目的而輸入視聽著作原件或一定數量重製物，或為其圖書館借閱或保存資料之目的而輸入視聽著作以外之其他著作原件或一定數量重製物，並應依第四十八條規定利用之。（依主管機關函示，視聽著作重製物者，以一份為限，視聽著作以外之其他著作重製物者，以五份以下為限。）

三、為供輸入者個人非散布之利用或屬入境人員行李之一部分而輸入著作原件或一定數量重製物者。（依主管機關函示，每次每一著作以一份為限。）

四、附含於貨物、機器或設備之著作原件或其重製物，隨同貨物、機器或設備之合法輸入而輸入者，該著作原件或其重製物於使用或操作貨物、機器或設備時不得重製。

五、附屬於貨物、機器或設備之說明書或操作手冊，隨同貨物、機器或設備之合法輸入而輸入者。但以說明書或操作手冊為主要輸入者，不在此限。

在「視為侵害著作權」的情形，因為是法律明定為侵害著作權，因此侵害著作權所得主張的民事救濟，均有適用；不過就刑事責任的部分，則僅有以著作權法第87條第1款、第3款、第5款或第6款之方法侵害他人之著作財產權的情形須負擔刑事責任。至於著作權法第87條第4款真品平行輸入的情形，則僅有民事責任，而

無刑事責任。

此處還有幾點必須提醒讀者注意：

㈠違反著作權法第87條第4款「未經著作財產權人同意而輸入著作原件或其重製物者」所輸入之重製物，仍被認為是非法重製物，所以不得適用第59–1條「在中華民國管轄區域內取得著作原件或其合法重製物所有權之人，得以移轉所有權之方式散布之」的規定。

㈡違反著作權法第87條第4款之法律責任，因第93條第1項第2款規定已刪除對違反第87條第4款規定之刑事處罰，故單純自境外輸入著作原件或其重製物者，不問所輸入著作重製物數量之多寡，均僅有民事責任而無刑責。但是輸入之後，如有進一步以移轉所有權之方式散布，或予以出租者，依其是否意圖營利，依第91–1條第1、2項或第92條第1、2項規定，仍有刑事處罰規定。

在本案例中，小米如果在國外購買合法著作物，僅供個人非散布之利用或屬入境行李之一部分，每一著作以一份為限，並不違法，如果超過法定件數，雖不須負擔刑事責任，但須負擔民事賠償責任；如果小米自國外攜帶真品著作物回國後，更進一步以移轉所有權之方式散布，或予以出租者，則依其是否意圖營利，依著作權法第91–1條第1、2項或第92條第1、2項規定，仍有刑事處罰規定。又如小米自國外購買盜版品回國，明知為侵害著作財產權之物，卻意圖散布而公開陳列或持有，則違反著作權法第87條第6款，須負擔民事及刑事責任。著作權法原則上不處罰使用盜版品之人，所以小米如果單純使用盜版品雖不道德，但未必違法，不過如果小米明知係侵害電腦程式著作財產權之重製物而作為營業之使用，則違反第87條第5款的規定，須負擔民事及刑事責任。

著作權法

第93條

有下列情形之一者，處二年以下有期徒刑、拘役，或科或併科新臺幣五十萬元以下罰金：

一　侵害第十五條至第十七條規定之著作人格權者。

二　違反第七十條規定者。

三　以第八十七條第一款、第三款、第五款或第六款方法之一侵害他人之著作權者。但第九十一條之一第二項及第三項規定情形，不包括在內。

十五、利用網路交換軟體下載音樂的爭議

案例

真真跟許多同學一樣，喜歡在網路上下載流行音樂，並加入音樂網站成為會員，使用P2P軟體，與網友們交換音樂著作，但近來音樂網站負責人及許多下載大量音樂著作的網友被檢察官起訴，使真真心生疑慮，而音樂網站卻公告「最新修正著作權法，使用P2P交換MP3，只要在合理使用範圍內，並且不做商業用途，是完全合法的」，到底我們應如何因應這場科技與法律的拉鋸戰？

解析

現在網站上最常見的音樂檔案格式是MP3，MP3是Motion Picture Experts Group（動態影音解壓縮技術）與Layer 3的縮寫，為一種壓縮程式，採用「一致性編碼法」將聲音資料編碼，把多餘不必要的資料去除的編碼技術，最多可以12：1的比例壓縮CD中的音樂，一首歌經壓縮後，可只有2–3 MB而在播放時亦需使用MP3軟體(如最有名的Winamp播放軟體)將壓縮的MP3檔案還原，自從MP3的檔案格式出現，音樂便可經由數位型態快速複製流傳。而當P to P（亦有稱P2P，點對點的檔案傳輸軟體）被發明之後，個別使用者只要安裝這套軟體，就可以透過某一個平臺，直接連結到另一臺也裝了軟體的電腦，複製想要的歌曲；如此一來，音樂的流通更快更廣，而且遠遠脫離了唱片公司的掌控。

P to P (peer to peer)，有稱之為點對點、端對端、或對等式網路。相對於「主從式」的網路架構，P to P是「分散式」的網路架構，換言之，不同於伺服器與用端戶的關係，概由伺服器提供服務，使用者並不直接溝通，但P to P技術讓每一臺連上網路的電腦，在不用透過伺服器的情況下，直接交換彼此所需的資料。從技術的觀點而言，P to P是非常有效率的網路模式，它可以大量節省集中式架構所需的頻寬，集結閒置的網路資源來做其他的事。喧騰一時的Napster案引起世人對P to P這個名詞的注意。Napster的基本架構即是運用P to P技術，並且由十九歲的軟體設計師Shawn Fanning設計了Musicshare的軟體程式，使上線的人可以自由的交換其在硬碟中的音樂檔案。於是引起美國音樂界的強力反彈，並控告Napster侵害音樂之著作權。二〇〇〇年七月，舊金山法院對Napster發出禁制令，禁止自由交換有著作權的音樂檔案。Napster不服並上訴，二〇〇一年二月美國第九巡迴法院作成判決。認定Napster構成了「輔助侵害」以及「代理侵害」，最終Napster還是敗下陣來。

Napster的官司雖然敗訴，但P to P反而方興未艾，因為其技術的便捷性，早被廣大網友接受，而多數熟悉網路或科技的專家，也大多認為P to P的技術是擋不住的，不過這場戰火也延燒到國內，二〇〇三年年底國內十一家大型唱片公司聯合控告二家知名音樂網站涉嫌違反著作權法的案件，分別遭臺灣臺北地方法院檢察署及臺灣士林地方法院檢察署起訴，起訴對象除了網站府責任外，甚至包括利用網站所提供平臺下載音樂的網友，檢察官認為，音樂網站透過電子現金及超商販售虛擬點數，用以申請成為該站會員，供不特定網友得以利用該站臺上傳或下載各種檔案；音樂網站並整編相關種類目錄檔案，讓有意利用該站台的網友知悉。其間，會員透過音樂網站建構的網路平臺、軟體介面及管理機制，即點對點連結(P2P)的檔案分享技術，提供會員以上傳或下載交流彼此所需檔案。其中，成功下載檔案者，需支付一定點數給經營的被告作為服務費用，而提供檔案給其他使用者下載的會員，則得以一定點數作為報酬。檢方認為網友未經音樂與錄音著作權人授權，使用軟體業者提供的交換軟體，任意在網路上交換受著作權法保護的音樂，涉及侵害音樂與錄音著作財產權人之重製權及

公開傳輸權的行為；而音樂網站在會員提供MP3非法傳輸犯行中扮演關鍵角色，且提供一定比例回饋，讓會員侵害他人著作權，對會員群體間犯意，具有實質加工，所以也不能脫免罪責。上開國內的案例，因為還在司法審理階段，本書不便評述，且是否一定會構成犯罪還需法院具體認定，網友們宜留意本案後續發展。

另外，國內也正有部分網站業者推動修改著作權法，擬以「著作權補償金制度」解決此一難題，經部分立法委員提案，目前已在立法院通過一讀，交付委員會審查，不過因為廣大唱片業者反對，主管機關經濟部智慧財產局對此制度是否符合國際規範似乎仍有疑慮，是否能順利通過修法，尚難預料，至少在九十三年八月間立法院召開臨時會又大幅度修改著作權法時，未將此「著作權補償金制度」修正通過。關於此「著作權補償金制度」的修正條文提案及提案說明，請參考下表。

著作權法第51–1條修正草案條文（部分立法委員提案）

建議修正條文	第51–1條除已訂定個別授權契約者外，以網路科技提供服務播送音樂或供網路使用人上傳、下載或交換網路音樂檔案之業者，就其服務所利用或與其服務有關之音樂著作或錄音著作，應就其服務收入提撥一定比例之補償金支付予著作財產權人。以網路科技提供網路音樂服務之業者，已依前項規定支付補償金者，視為該業者及使用其網路音樂服務之人已取得相關音樂或錄音著作之著作財產權人授權。第1項所載補償金之提撥比例或提撥金額、有權收取單位或機構、得參與分配之著作權人或著作財產權人、分配方式、分配金額等，由主管機關定之。
說明	一、本條新增。 二、按網路技術發展已改變一般消費者利用音樂著作或錄音著作之型態，為使網路使用者得合法於網路環境利用音樂著作或錄音著作，且使前揭著作財產權人得因網路使用者之利用行為獲得一定補償，爰新增本條第1項之規定，課網路音樂服務提供業者提撥一定

	補償金以支付予音樂著作或錄音著作著作財產權人之義務。蓋網路音樂服務提供業者既因提供網路音樂服務獲得一定利益，自應提撥一定補償金予音樂著作或錄音著作著作財產權人。惟如網路音樂服務提供業者業已自行與著作財產權人訂定授權契約者，則依契約自由原則，由該授權契約規範雙方當事人之權利義務。 三、為確保網際網路發展之成果，並保障一般網路使用者及網路音樂服務提供業者於本條第1項規範之補償金制度下，得合法於網路環境利用音樂著作或錄音著作之權益，特於本條第2項明文規定：如網路音樂服務提供業者，已依前項規定支付補償金者，視為該業者及使用其網路音樂服務之人已取得相關音樂或錄音著作之著作財產權人授權。 四、緣本條第1項所規範著作權補償金制度之細部運作規範甚為複雜，為免率爾以法律規範，如適用結果不易施行亦無法及時修法變更，導致此制度無法施行或平添民怨，爰於本條第3項授權主管機關以授權命令之方式訂定細部規範，以符本條著作權補償金制度之實際運作需求。

現在，訴訟官司還沒定案，法律修正也還沒有下文，我們只能建議網友適切因應：

一、網友有無繳費成為軟體網站之會員，與是否侵害著作權無關。依目前檢調機關及經濟部智慧財產局的看法，網友未經音樂與錄音著作權人授權，使用軟體業者提供的交換軟體，任意在網路上交換受著作權法保護的音樂，是侵害音樂與錄音著作財產權人之重製權及公開傳輸權的行為，網友如對此見解挑戰，僅能盡量說服法官了。

二、依目前檢調機關及經濟部智慧財產局的看法，未取得著作權人授權，利用交換軟體下載音樂，下載於個人電腦硬碟中，或進一步加以燒錄，涉及了重製他人音樂與錄音著作，如僅供個人或家庭使用的話，「在少量下載，且不至於對音樂產品市場銷售

情形造成不良影響的情況下，屬於合理使用的行為」，固然不會構成著作財產權的侵害。但如逾越了合理使用的範圍，仍屬侵害重製權，須負擔民事責任，且縱使無營利的意圖，當達到九十二年七月十一日施行之著作權法第91條第2項所規定的門檻(超過五份或新臺幣三萬元）時，仍須負擔刑事責任。九十三年九月十一日新修正著作權法施行後，刪除營例及非營利的區分，也無五件或新臺幣三萬元的處罰門檻，等於又加強對權利人的保護，使用者觸法的可能則大增。

三、依目前檢調機關及經濟部智慧財產局的看法，未取得著作權人授權，利用交換軟體在網路上傳輸音樂，構成侵害公開傳輸權，除合於合理使用之情形外，仍須取得著作權人的同意或授權，始得為之。如不合於「合理使用」，縱然僅提供個人或家庭使用，仍會有侵害著作權之問題，而須負擔民事責任及刑事責任。不過要注意的是，九十三年修法在第91條第4項增訂「著作僅供個人參考或合理使用者，不構成著作權侵害」，除合理使用免責本即在第65條第1項有規定外，立法者在第91條第4項創設「個人使用」免責的空間，使用者宜妥為運用。

四、是否構成合理使用在著作權侵權案件中是一重點，不過經濟部智慧財產局認為，由於網際網路的公開傳輸行為，無遠弗屆，影響深遠，除著作權法已明文規定合理使用（例如第49條、第50條、第52條、第61條、第62條等）外，成立合理使用空間相對有限，構成侵害著作權的可能性極高，從而須負擔民事責任的可能性亦極高。又就刑事責任而言，雖然九十二年七月十一日施行之著作權法第91條至第93條各條文規定有「無營利意圖」的刑事責任門檻（即需超過五份、五件或新臺幣三萬元，始構成刑事責任），但網路使用者一般交換音樂的數量或金額，極易超過上述的門檻（尤其經濟部智慧財產局對五份、五件的解釋，是不問是否為同一著作人或同一著作），依法須負擔刑事責任的可能性亦極高。而至九十三年九月三日再修正施行著作權法，將營利及非營利區別刪除，觸法可能性將更高。

五、經濟部智慧財產局建議，一般民眾參加交換軟體網站，與他人交換各種有著作權的音樂資訊時應注意，勿將自己電腦中未經授權的音樂資訊，存入交換資料夾內，提供其他網友交換下載；或選擇已經著作財產權人授權的合法網站，支付使用報酬後，始進行著作內容之上傳、下載與交換，以免誤觸法網。

六、筆者建議讀者們可以針對科技與法律的互動再作思索，如果為了一個不願改變行銷方法且獨享暴利的產業，利用嚴苛的法律手段去扼殺網路自由分享的本質，或是阻礙新興產業發生的可能，恐怕並不恰當。對於如何保護著作人的權益，使創作動機不致減少，並使社會有多元的創作得以流通，知識及文化得以累積，是法制必須衡量兼顧的重點。

相關法規

著作權法

第91條

擅自以重製之方法侵害他人之著作財產權者，處三年以下有期徒刑、拘役，

或科或併科新臺幣七十五萬元以下罰金。
意圖銷售或出租而擅自以重製之方法侵害他人之著作財產權者，處六月以上五年以下有期徒刑，得併科新臺幣二十萬元以上二百萬元以下罰金。
以重製於光碟之方法犯前項之罪者，處六月以上五年以下有期徒刑，得併科新臺幣五十萬元以上五百萬元以下罰金。
著作僅提供個人參考或合理使用者，不構成著作權侵害。

第92條

擅自以公開口述、公開播送、公開上映、公開演出、公開傳輸、公開展示、改作、編輯、出租之方法侵害他人之著作財產權者，處三年以下有期徒刑、拘役，或科或併科新臺幣七十五萬元以下罰金。

十六、網際網路服務提供者的法律責任

案例

阿發是專門在各大夜市販賣盜版CD以及俗稱大補帖的盜版商，由於獲利甚豐，於是其想透過網路來販賣以賺取更大之暴利，又想到他有一位小學同學阿財開了一家網路公司，阿財的網路公司專營提供虛擬主機與網路頻寬事業及提供客戶連線上網之服務，並租網頁空間給客戶架設網站，收取租金。於是阿發向阿財表示欲租用空間來架設網頁，販賣盜版CD及大補帖，阿財原本不願意，但礙於情面以及貪於租金仍把網頁空間租給阿發，並且同時提供阿發寬頻上網。試問阿發及阿財各有什麼責任？

解析

網際網路服務提供者(Internet service provider,以下簡稱ISP)乃指「提供通路讓使用者與網際網路連線的機構」,故一般的ISP所提供的服務不外乎提供連線服務以及出租虛擬主機,但ISP所提供的服務不僅僅於此,尚包括其他商業的服務,例如專業資料庫的提供、電子商務、商標檢索、即時聊天室、電子郵件信箱、討論區等等。詳細的區分ISP類型,可以再分類成三種:即ICP(Internet Content Provider,即網際網路內容提供者),例如奇摩、雅虎等業者提供入口網站、IPP(Internet Platform Provider,即網際網路平臺服務提供者),例如HiNet提供免費的電子信箱、IAP(Internet Access Provider,即網際網路連線提供者),例如HiNet、Seednet等業者提供寬頻或撥接式的上網服務,當今ISP業者通常會兼營ICP、IPP、IAP的業務。

在此案例中,阿財所開設的網路公司性質上就是ISP,而阿發向ISP業者租用虛擬主機架設網站向大眾提供某種資訊內容,即屬於網路內容提供者(Internet Content Provider,以下簡稱ICP)。首先,關於ICP的法律責任,因為ICP本身就是資訊來源,若提供之內容涉及違法(例如:誹謗性的言論或教人製造爆裂物的步驟等等……),當然須自行負民事或刑事責任。故阿發在其所架設的網站上販賣大補帖或盜版CD,係觸犯了著作權法第91條:「擅自以重製之方法侵害他人之著作財產權者,處三年以下有期徒刑、拘役,或科或併科新臺幣七十五萬元以下罰金。意圖銷售或出租而

擅自以重製之方法侵害他人之著作財產權者，處六月以上五年以下有期徒刑，得併科新臺幣二十萬元以上二百萬元以下罰金。以重製於光碟之方法犯前項之罪者，處六月以上五年以下有期徒刑，得併科新臺幣五十萬元以上五百萬元以下罰金。」的重製他人著作罪。而若阿財以販賣盜版CD及大補帖維生，亦可能會構成著作權法第94條：「以犯第九十一條第一項、第二項、第九十一條之一、第九十二條或第九十三條之罪為常業者，處一年以上七年以下有期徒刑，得併科新臺幣三十萬元以上三百萬元以下罰金。以犯第九十一條第三項之罪為常業者，處一年以上七年以下有期徒刑，得併科新臺幣八十萬元以上八百萬元以下罰金。」的常業重製罪。

而該租用給阿發虛擬主機的ISP要負何種責任？實務上曾認為若ISP業者明知其客戶租用其網頁空間是準備從事違法行為而仍加以出租，構成刑法上之幫助犯，是要和從事違法行為的ICP共同負刑責的。

較無爭議的是IAP的法律責任，所謂的IAP（Internet Access Provider，即網際網路連線提供者），亦即提供客戶上網的管道的ISP。這就像是中華電信公司提供室內電話一樣，中華電信並不會因為其提供之室內電話服務被歹徒用來恐嚇被害人而要中華電信公司負責。原則上，IAP也只是提供他人連上網際網路，在事前不知的情形下，可主張電信法第8條第1項：「電信之內容及其發生之效果或影響，均由使用電信人負其責任。」來免責，也就是說，除非IAP事前已知其客戶申請連線之用途係違法，否則IAP並不負共同正犯或幫助犯之刑責。

在此案例中，阿財所經營的網路公司亦兼營IAP業務，阿財明知阿發所要經營的是販賣盜版CD以及大補帖，仍提供其寬頻上網服務，故有幫助故意成立幫助犯。反之，若阿財事前並不知情，對於阿發這位客戶利用其所提供之上網服務，可主張電信法第8條第1項免責。

相關法規

電信法

第2條

本法用詞定義如下：

一　電信：指利用有線、無線，以光、電磁系統或其他科技產品發送、傳輸或接收符號、信號、文字、影像、聲音或其他性質之訊息。

二　電信設備：指電信所用之機械、器具、線路及其他相關設備。

三　管線基礎設施：指為建設電信網路所需之架空、地下或水底線路、電信引進線、電信用戶設備線路、及各項電信傳輸線路所需之管道、人孔、手孔、塔臺、電桿、配線架、機房及其他附屬或相關設施。

四　電信服務：指利用電信設備所提供之通信服務。

五　電信事業：指經營電信服務供公眾使用之事業。

六　專用電信：指公私機構、團體或國民所設置，專供其本身業務使用之電信。

七　公設專用電信：指政府機關所設置之專用電信。

第8條

電信之內容及其發生之效果或影響，均由使用電信人負其責任。

以提供妨害公共秩序及善良風俗之電信內容為營業者，電信事業得停止其使用。

擅自設置、張貼或噴漆有礙景觀之廣告物，並於廣告物上登載自己或他人

之電話號碼或其他電信服務識別符號、號碼，作為廣告宣傳者，廣告物主管機關得通知電信事業者，停止提供該廣告物登載之電信服務。

十七、網域名稱法律問題探討

案例

阿祥為一家模型玩具公司的老闆，主要業務從事模型玩具設計與進口，多年來在臺灣以及日本地區的玩家間已經建立起良好的口碑，業績也蒸蒸日上，並以專有品牌JOY-TOY為其商標註冊，在業界享有盛名，其後阿祥想要申請此網域名稱(Domain name)時，卻遭到拒絕。經查，原來是所謂的「網路蟑螂」看準了阿祥這家公司的知名度，早已搶註在阿祥的公司之前，註冊為www.joytoy.com.tw，經營情趣用品的販賣。試問，阿祥對於此爭議該如何尋求解決？

解析

開一家公司，取一個響亮好記的公司名，猶如一個人有搶眼的外表，通常給人很好的第一印象。同樣的，網際網路發展方興未艾，電子商務「錢」景可期，網域名稱爭奪戰早已悄悄的展開，國外如此，我國亦然。許多專門搶先以名人、公司或企業的名稱，向註冊機關提起申請，而占為己有的人被稱為「網路蟑螂」(cybersquatter)，往往名人、公司或企業要註冊該名稱卻遭到拒絕，只好以高價向cyber-squatter買下該網域名稱，否則即無法使用，如此常讓網路蟑螂大撈一筆。

網域名稱即IP Address，在TCP/IP通訊協定下，以三十二位元的數值，來決定網路上機器的所在位置，此三十二位元又區分成四個部分，每個部分八個位元，其顯示方式係一連串的數字。由於一連串的數字不易記憶，為便於使用者識別電腦主機的名稱(Host name)，發展出一套以文字型來標示位置的系統，此系統稱為DNS (Domain Name System)，其運作方式係將使用者所鍵入的Domain name，自動轉換成IP位址。網域名稱的功能即在於標示網路上電腦主機的位置。簡單來說，網域名稱就是每一臺電腦在虛擬網路世界的地址，目的在於識別每一部電腦，但是由於那一大串數字並不好記憶，而且無法區別出該網址的特色，所以由網域名稱所替代。一般網域名稱可分為三階層，例如：我國法務部的網址為http://www.moj.gov.tw，最高階層為.tw，乃為區別國家之用，例如：日本為.jp，香港為.hk（美國不加.us。例如：美國哈佛大學的網址為http://www.harvard.edu，其理由係美國為網路的發源地)。第二層為.gov，代表政府機關（第二層網域名稱本來只有.com（表商業團體組織專用，例如：http://www.pchome.com.tw)；.org（表財團法人、社團法人等非政府、非商業機構專用，例如：http://www.moj.gov.tw)；.net（表網路管理機構專用：例如：http://www.hinet.net)；.edu.tw（表教育機構)；.mil.tw（表國防單位)；.idv.tw（表申請者個人)，後來又開放了如.game.tw、.ebiz.

tw、.club.tw、.idv.tw等等……，讓申請者有更多的選擇。其用意在於區分不同性質與種類的網址，增加便利性)。第三層為.moj，為法務部“Ministry of Justice”的縮寫。只有第三階層申請者可以自己決定，第一階層與第二階層都是固定的。基本上，網域名稱若由一些數字所組成，雖不好記憶，不容易產生爭議，可是改由文字化的過程，爭議隨之產生，因為每臺電腦的IP Address都是唯一的（就像家中的地址一般，世界上不會有與你家一樣的地址)，且網域名稱與商標的申請一樣都須向登記機關提出登記申請，在臺灣的登記機關原為「財團法人臺灣網路資訊中心」(TWNIC)，目前TWNIC授權幾家公司登記網域名稱，分別是：協志科技、數位聯合、亞太線上、網路家庭、中華電信、網路中文、臺灣固網、臺網中心、Yahoo!奇摩、臺灣電訊，TWNIC並於二○○一年三月一日起停止提供新申請及修改網域名稱作業，因此欲申請者須直接向以上之受理註冊機構辦理。

網域名稱作業採「先登記先註冊主義」，造成先搶先贏的情形。有人可能會問：「公司或企業的網域名稱既然如此重要，那為何公司或企業會落後在那些網路蟑螂之後呢?」其實，原因很多，尤其不能忽視網路快速發展的影響，網域名稱的重要性因而日與俱增，以往企業並不以為意，後來才發覺它的重要性；或者由於網域名稱之登記使用期限是根據其所繳的使用費之年限來計算，許多公司忘記向登記機關申請續約，到期未繳費的結果是讓網路蟑螂有機可乘。

網域名稱最常碰到的問題就是，以他人商標中之文字作為網域名稱，有無侵犯他人之商標專用權？其實網域名稱與商標主要功能並不同。網域名稱本身僅是在標示網路上某一電腦主機之所在，網域名稱並無對應某一商品之情形存在；但商標則是在表彰商品來源。而且網域名稱是民間團體依據申請登記先後所准許使用之一種法律行為，並無公法授權行為在內，此與商標核准屬於公法上行政處分不同。所以國內以往在處理類似爭議時，大多認為應以公平交易法第20條或第24條來處理，由權利人向公平交易委員會檢舉投訴，公平交易委員會調查後可命違法者停止、改正其行為或採取必要更正措施，並得處罰鍰，權利人亦可請求民事損害賠償。不過以公平交易法處理，對權利人的舉證責任較重，條件也較嚴苛，公平交易法第20條的適用，必須「1.表徵具有相當知名度，為相關事業或消費者多數所周知；且 2.與他人商品、營業或服務之設施或活動混淆者（使用在同一或同類商品、營業或服務），或販賣、運送、輸出或輸入使用該項表徵之商品者」；而公平交易法第24條的適用須以「足以影響交易秩序之欺罔或顯失公平之行為」為要件。公平交易委員會也認為下列情形屬「反向網域名稱爭奪」行為，如投訴至公平會，將會予以駁回：

一、商標及服務標章事實上並沒有影響到網域名稱的註冊及使用，或者影響層面屬於正常的商業競爭。

二、被投訴人註冊使用該網域名稱並非出於惡意，而投訴人利用行政程序解決的目的，只是為了要不合理地剝奪被投訴人的網域名稱。

三、投訴人事實上已經建立自己的網站，同時在被投訴人的

網域名稱註冊以前，已經註冊了完全不同的網域名稱。

四、引起爭議的網域名稱註冊時，請求保護的商標還沒有在本國註冊，也沒有經過任何主管機關認定為著名商標。

九十二年五月商標法修正通過後，對於網域名稱與商標權的關係有了新的規範，即商標法第62條規定：未得商標權人同意，有下列情形之一者，視為侵害商標權：

一、明知為他人著名之註冊商標而使用相同或近似之商標或以該著名商標中之文字作為自己公司名稱、商號名稱、網域名稱或其他表彰營業主體或來源之標識，致減損著名商標之識別性或信譽者。

二、明知為他人之註冊商標，而以該商標中之文字作為自己公司名稱、商號名稱、網域名稱或其他表彰營業主體或來源之標識，致商品或服務相關消費者混淆誤認者。

依立法理由說明，商標法第62條第1款以著名之註冊商標為對象，明定明知為他人之著名註冊商標，竟使用相同或近似於該著名商標，或以該著名商標中之文字作為自己公司名稱、商號名稱、網域名稱或其他表彰營業主體或來源之標識，因而減損該著名商標之識別性或信譽者，應視為侵害商標權，以資保護著名之註冊商標，並對近年來以他人著名之商標搶註為網域名稱之新興問題，明確規範。商標法第62條第2款以註冊商標為對象，明定明知為他人之註冊商標，而使用其商標中之文字，有致相關購買人混淆誤認，始視為侵害商標權。

如認為網域名稱侵害商標權，商標權人可依商標法第61條、

第63條的規定行使損害賠償請求權、排除侵害請求權、防止侵害請求權，即可請求其塗銷該網域名稱之登記及相關損害賠償。

依目前我國法令，關於網域名稱的爭執，除前開所提循行政救濟手段向公平交易委員會檢舉，或依訴訟途徑主張商標法上的權利外，關於網域名稱的爭執也可依財團法人臺灣網路資訊中心訂定的「網域名稱爭議處理辦法」以及「網域名稱爭議處理辦法實施要點」（以下簡稱實施要點）處理。其運作方式為：經臺灣網路資訊中心(TWNIC)認可並簽約的網域名稱爭議處理機構是「臺北市律師公會」與「資訊工業策進會科技法律中心」兩個單位。民眾或企業如果對於註冊人註冊的網域名稱產生爭議時，可向該機構提出申訴。申訴機構於受理後，則在其所選聘的專家名單中選定專家，組成本案專家小組進行案件之決定，並且其決定可以直接對TWNIC發生拘束力，TWNIC必須遵照專家小組的決定，取消或移轉網域名稱，整個過程只須四十～五十天，可望有效且快速的解決紛爭。依照「網域名稱爭議處理辦法」以及「網域名稱爭議處理辦法實施要點」提出申訴，流程大致如下：

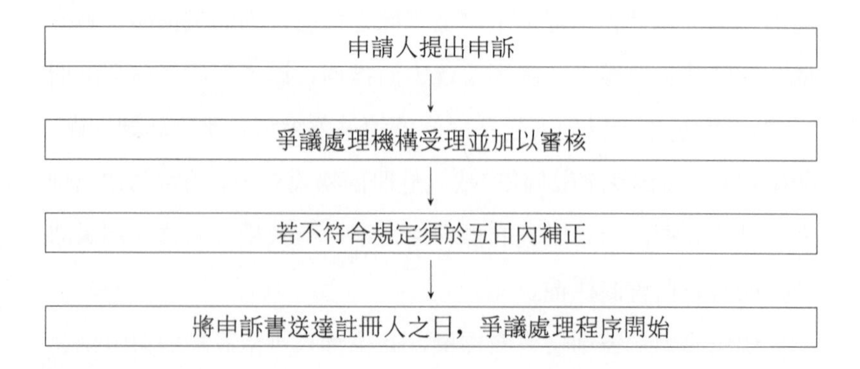

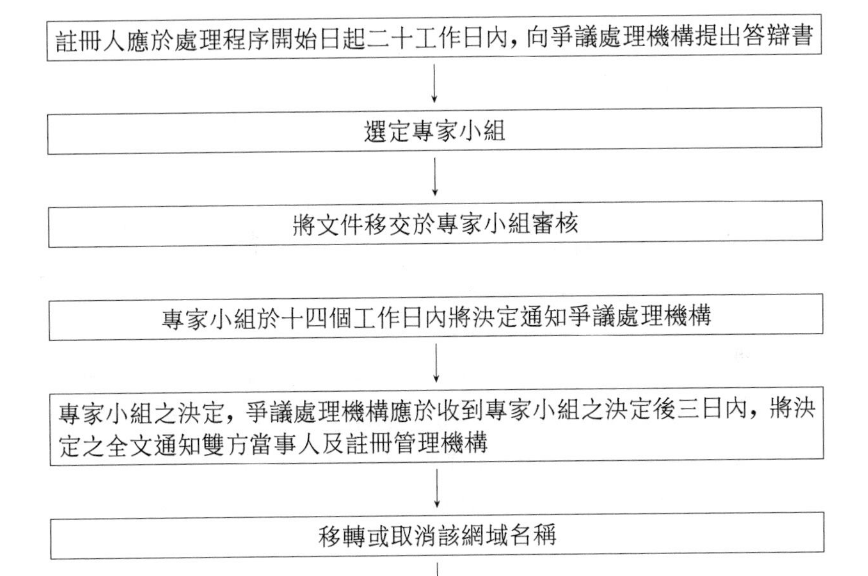

要注意的是，依據前開爭議處理辦法與實施要點所為的一切行為，都不妨礙當事人間原有的救濟途徑，包括司法途徑（向法院提起訴訟）、行政途徑（向公平會檢舉），當事人亦得經由仲裁程序解決紛爭。

公平交易法

第20條

事業就其營業所提供之商品或服務，不得有左列行為：

一　以相關事業或消費者所普遍認知之他人姓名、商號或公司名稱、商標、商品容器、包裝、外觀或其他顯示他人商品之表徵，為相同或類似之使用，致與他人商品混淆，或販賣、運送、輸出或輸入使用該項表徵之商品者。
二　以相關事業或消費者所普遍認知之他人姓名、商號或公司名稱、標章或其他表示他人營業、服務之表徵，為相同或類似之使用，致與他人營業或服務之設施或活動混淆者。
三　於同一商品或同類商品，使用相同或近似於未經註冊之外國著名商標，或販賣、運送、輸出或輸入使用該項商標之商品者。
前項規定，於左列各款行為不適用之：
一　以普通使用方法，使用商品本身習慣上所通用之名稱，或交易上同類商品慣用之表徵，或販賣、運送、輸出或輸入使用該名稱或表徵之商品者。
二　以普通使用方法，使用交易上同種營業或服務慣用名稱或其他表徵者。
三　善意使用自己姓名之行為，或販賣、運送、輸出或輸入使用該姓名之商品者。
四　對於前項第一款或第二款所列之表徵，在未為相關事業或消費者所普遍認知前，善意為相同或類似使用，或其表徵之使用係自該善意使用人連同其營業一併繼受而使用，或販賣、運送、輸出或輸入使用該表徵之商品者。
事業因他事業為前項第三款或第四款之行為，致其營業、商品、設施或活動有受損害或混淆之虞者，得請求他事業附加適當表徵。但對僅為運送商品者，不適用之。

第24條

除本法另有規定者外，事業亦不得為其他足以影響交易秩序之欺罔或顯失公平之行為。

商標法

第61條

商標權人對於侵害其商標權者，得請求損害賠償，並得請求排除其侵害；有侵害之虞者，得請求防止之。

未經商標權人同意，而有第二十九條第二項各款規定情形之一者，為侵害商標權。

商標權人依第一項規定為請求時，對於侵害商標權之物品或從事侵害行為之原料或器具，得請求銷毀或為其他必要處置。

第62條

未得商標權人同意，有下列情形之一者，視為侵害商標權：

一　明知為他人著名之註冊商標而使用相同或近似之商標或以該著名商標中之文字作為自己公司名稱、商號名稱、網域名稱或其他表彰營業主體或來源之標識，致減損著名商標之識別性或信譽者。

二　明知為他人之註冊商標，而以該商標中之文字作為自己公司名稱、商號名稱、網域名稱或其他表彰營業主體或來源之標識，致商品或服務相關消費者混淆誤認者。

第63條

商標權人請求損害賠償時，得就下列各款擇一計算其損害：

一　依民法第二百十六條規定。但不能提供證據方法以證明其損害時，商標權人得就其使用註冊商標通常所可獲得之利益，減除受侵害後使用同一商標所得之利益，以其差額為所受損害。

二　依侵害商標權行為所得之利益；於侵害商標權者不能就其成本或必要費用舉證時，以銷售該項商品全部收入為所得利益。

三　就查獲侵害商標權商品之零售單價五百倍至一千五百倍之金額。但所查獲商品超過一千五百件時，以其總價定賠償金額。

前項賠償金額顯不相當者，法院得予酌減之。

商標權人之業務上信譽，因侵害而致減損時，並得另請求賠償相當之金額。

第五章

網路交易與電子商務

一、商業交易、契約與法律

案例

王友因為財務吃緊，利用電子郵件向朋友陳有信求救借錢，陳有信回信答應，並於翌日將十萬元匯至王友的銀行帳戶，陳有信的太太知道後，責怪陳有信，認為借錢也不寫借據或契約書，到時王友不認帳怎麼辦？

解析

傳統上的交易多以面對面的方式進行，時間與空間單純，隨著科技進步，交易中的人、事、時、地、物也變得多樣而複雜，以往人們相信或不相信的誠信與道義的本質並未改變，只不過為了更有效率，現代化經濟社會使用許多機制促成交易，從降低交易成本、促進私人交易的角度來看法律，應該把法律的功能定位在：

⑴將私人間相互商議資源配置的障礙減至最少，促進當事人自行達成協商。我們會發現民法中任意規定多於強制規定，當事人間可以把法律規定當作是相互談判的底線，知道如果契約沒有規定的話，會有如何的效果，基於理性的思考，衡量彼此的履約能力，決定是否及如何締約。

⑵將私人間對資源配置協議不成的傷害，減至最小。所以，我們可以將損害賠償制度視為有效率解決爭端的方法，或者說，

法律所規定的損害賠償制度，應該要在當事人間無法自行協商解決紛爭時，能夠有效率地解決爭端。

人們面對現代化交易的多樣性與多變性，可以參考法律規定作為自己行事的參考方針，不過最重要的應該是了解交易的本質，有充分訊息評估自己的風險，並找到適當的方式來控制這些風險。為了從事市場交易，人們必須尋找願意與其交易的對象；通知交易對象關於交易的意願及條件；與交易對象協商並議價；簽訂契約；進行必要的檢驗，以確定對方是否遵守契約條款等，這些「蒐尋與訊息成本」、「議價與決策成本」及「檢驗與執行成本」，在實際的交易中，都應該被雙方當事人重視。

當事人間為了進行交易，針對交易的標的、價金等重要條件達成合意，並將之作為完成交易的依據，在法律上稱為契約，依我國民法規定，並非所有的契約都需要用書面，事實上，大多數的契約都不需要以書面的方式為之，只要「當事人互相表示意思一致者，無論其為明示或默示，契約即為成立」，依我國民法規定，一定要用書面做成的法律行為只有：

民法條文	內容要旨（詳細條文請自行查閱）
第52條	社團之社員授權他人行使總會決議的表決權。
第53條	社團之全體社員三分二以上同意社團變更章程之決議。
第207條	複利禁止的例外規定，即當事人得以書面約定，利息遲付逾一年後，經催告而不償還時，債權人得將遲付之利息滾入原本者，依其約定。
第426-2條	租用基地建築房屋，出租人出賣基地或承租人出賣房屋時，關於優先承買權的通知及表示。

第461-1條	耕作地承租人改良耕地的通知事項。
第514-2條	旅遊營業人因旅客之請求，所應交付的旅遊事項。
第531條	為委任事務之處理，須為法律行為，而該法律行為，依法應以文字為之者，其處理權之授與，亦應以文字為之。其授與代理權者，代理權之授與亦同。
第554條	商號授權經理人對於不動產，不得買賣，或設定負擔。
第558條	授權代辦商負擔票據上之義務，或為消費借貸，或為訴訟。
第730條	終身定期金契約之訂立。
第756-1條	人事保證契約之訂立。
第760條	不動產物權之移轉或設定。
第904條	一般債權質權之設定。
第1000條	夫妻約定以其本姓冠以配偶之姓。
第1007條	夫妻財產制契約之訂立、變更或廢止。
第1031-1條	夫或妻所受之贈物，經贈與人聲明為其特有財產。
第1050條	兩願離婚。
第1079條	收養子女。
第1080條	收養之終止。
第1174條	繼承權拋棄之方法。

雖然大部分的交易行為，依法律的規定不需要簽署書面契約，但事實上，現代化的商業交易幾乎不曾看過未簽訂書面契約的，尤其是交易條件的複雜，更需要書面契約來協助雙方或多方當事人來管控、評估風險，而當爭執發生時，書面契約更可作為一項明確的證明。我們可以說，法律不強制規定契約需要以書面簽署，是為了盡量促成當事人達成交易，並減少單純、簡單交易行為的交易成本，但是當事人基於釐清交易細節、確定交易方式、防止爭議發生或預定違約處理方式，考量實際的利益需求，很自然的會使用書面來處理契約的簽訂。

本案例中王友向陳有信借了十萬元，在民法上是屬於消費借貸，借貸契約的成立並不以簽訂書面為要件，但必須要有金錢移轉的事實，借貸契約才成立，案例中陳有信已經將十萬元匯至王友的銀行帳戶，借貸契約就已經成立了，比較令人擔心的是，如果以後發生爭議，陳有信必須證明確實將十萬元交付給王友（所以應該要保留匯款單據），還必須證明這十萬元是基於借貸關係交付的（電子郵件也應該保存），也就是說，法律上的評價，借貸契約確實已經成立生效，但是如果沒有書面憑證，陳有信負擔的舉證責任或風險會比較大，而且關於還款期限及利息或違約金的約定，如果有書面為憑，在爭議的處理上，會更為明確。就此案例而言，陳有信不須擔心借貸契約不成立，但是應該要謹慎保存確已交付金錢給王友的證明（銀行匯款證明），以及雙方曾約定借貸關係的證明（電子郵件）。

民法

第153條

當事人互相表示意思一致者，無論其為明示或默示，契約即為成立。

當事人對於必要之點，意思一致，而對於非必要之點，未經表示意思者，推定其契約為成立，關於該非必要之點，當事人意思不一致時，法院應依其事件之性質定之。

第474條

稱消費借貸者，謂當事人一方移轉金錢或其他代替物之所有權於他方，而約定他方以種類、品質、數量相同之物返還之契約。

當事人之一方對他方負金錢或其他代替物之給付義務而約定以之作為消費借貸之標的者，亦成立消費借貸。

第478條

借用人應於約定期限內，返還與借用物種類、品質、數量相同之物，未定返還期限者，借用人得隨時返還，貸與人亦得定一個月以上之相當期限，催告返還。

二、網路交易的特色

案例

網際網路上有許多購物網站，都標榜迅速及安全，但是網路上交易糾紛還是不斷，網路交易特色在哪？有很高的風險嗎？

解析

前面提到過，大部分的交易行為，法律不強制規定需要以書面簽署契約，但是當事人考量交易成本及實際的利益需求，很自然的會使用書面來處理契約的簽訂。在網路交易的情形，當事人間如何確定交易方式、防止爭議發生或預定違約處理方式，更成為容易發生的爭執，傳統上所重視的交易安全，面對網路便捷、迅速及隱密的特性，本質上並不會改變，但是在技術上卻有比較大的困難。一般而言，網路交易安全最重要的三個課題是：

㈠身分確認：如何確認發出交易訊息的人就是要實際從事交

易的人?

㈡資料隱密和完整：如何確保交易訊息在傳遞的過程不被竄改?

㈢交易的不可否認：如何確保交易雙方或多方無法否認曾經發出或接收到交易訊息?

再以信用卡交易為例說明。消費者進入路邊的商店，挑選了商品，拿出信用卡付帳，商家把信用卡刷過讀卡機，信用卡當中的資料被傳送到收單銀行，收單銀行確定這筆交易的確是由它所認可的特約商店所發出來的時候，這筆資料便會被傳送到信用卡的國際組織，接著這筆資料會由信用卡的國際組織再送回發卡銀行要求確認持卡人的身分，確認這張信用卡是不是有效? 刷卡的金額有沒有超過信用額度? 檢查碼是不是相同? 當發卡銀行確認之後，便發出一個表示確認無誤的授權碼給信用卡的國際組織，信用卡組織再將這個訊息傳給收單銀行，收單銀行再將這個授權碼傳給商家。商家在取得授權碼之後，同意了這筆交易，商家便向收單銀行請款，收單銀行再向信用卡的國際組織請款，信用卡的國際組織再向發卡銀行索取這筆交易的款項，最後發卡銀行把帳單寄給消費者。

前面所提到的信用卡交易，看起來程序複雜，但是透過電腦及網路的便利，使得交易迅速、快捷，這裡的風險就是會不會有人持遺失或偽造的信用卡消費? 會不會有人刻意製造假消費詐取銀行的金錢? 這些風險在現實交易中非常多，信用卡機構及銀行也希望盡量利用防偽技術及嚴密控管來防止損失的發生或擴大。

而網路交易又面臨更多的不確定因素，消費者在網路上看到一家商家，但應如何確定這家商店是真正存在的呢？如果這家商店是存心欺騙消費者，則有可能在刷卡消費後收不到商品，卻依然收到交易的帳單。站在商店的角度，商店也會懷疑使用信用卡來消費的這個人到底存不存在？如果碰到使用偽造信用卡的人，可能商店將貨物寄出後，卻發現這個信用卡號碼根本是假的，收不到任何一毛錢。就算是消費者真實存在並使用正確信用卡，商店也是合法良心經營，但是交易的內容是否會被其他竄改？在交易的傳輸過程中有沒有其他的人可以看到這筆交易的內容呢？帳單不符的責任歸屬又該由誰來負責？如果消費者交易後反悔不認帳極力否認曾進行交易，糾紛該如何解決？

上面的情形都是在說明網路交易安全的三個課題的重要性，也就是身分確認、資料隱密和完整及交易的不可否認，如果這些問題都可以解決，我們也許會較放心這是一個安全交易的環境和過程。事實上，為了解決這些網路交易的安全問題，業界在技術上提出了許多的網路安全的規範被制訂出來，如SSL、SET及DES等，藉以保障網路資料的安全性。其中目前最常被使用的是SSL (Secure Sockets Layer)。SSL最初被提出來的目的是為了通信的保密，主要用在網路資料流的加解密上。SSL雖然解決了傳輸時加密、身分確認和資料不能竄改的問題，但是仍然有些問題是SSL所沒有辦法解決的，在SSL的機制下，商家的電腦所接收到消費者的信用資料，還是有可能被盜用。就網路交易而言，技術上很難解決所有交易的風險，就如同傳統在店面即時而單純的交易，仍然會有糾紛發生。未來法律在處理網路交易的議題時，即應考量利用網路交易所降低的成本，並斟酌可能發生的風險，訂出規範；更重要的，市場參與者，包括消費者與商家，必須在實際交易經驗中，去找出較低成本的技術解決方案以及商業模式。

相關法規

民法

第1條

民事，法律所未規定者，依習慣；無習慣者，依法理。

三、電子商務交易的類型

案例

大銘當上班族有三年了，希望趕上網路熱自行創業，究竟與網路相關的電子商務類型有哪些？

解析

與網路相關的電子商務交易類型眾多，分類也不同，有以商店與消費者為主體區別概分為B to B，B to C，C to C，國際經濟合作組織(OECD)在二〇〇一年二月公布一份關於電子商務課稅的報告，在該報告附錄中將與網路相關的電子商務交易整理出二十八種類型，雖然該報告重點在於課稅問題，但是二十八種電子商務類型，頗有參考價值，本書特以前開報告所整理的電子商務類型為基礎，說明並整理容易引發的爭議如下表。

項次	型　態	例示說明	容易引發的爭議
一	電子訂購實體商品	消費者利用網路向商家訂購電腦、機器、文具等實體商品，商家利用物流業者將商品運送給顧客。	交易是否真實 退貨問題 付款爭議 瑕疵爭議
二	電子訂購並下載數位化商品	消費者利用網路向商家訂購軟體等數位化商品，並直接下載至消費者的硬碟或其他儲存設備，且僅供個人使用。	交易是否真實 下載完整與否 退貨問題 付款爭議 瑕疵爭議 著作權爭議
三	電子訂購並下載數位化商品，供著作權開發使用	消費者利用網路向商家訂購軟體等數位化商品，並直接下載至消費者的硬碟或其他儲存設備。消費者並取得著作權的一定授權，使消費者得以就該著作為一定的商業利用。	交易是否真實 下載完整與否 退貨問題 付款爭議 瑕疵爭議 著作權爭議 授權及使用範圍
四	數位化商品的更新及擴充	軟體或數位化商品供應商對消費者提供商品的更新或擴充，方式可能是實體媒介的傳送，也可能是線上數位化傳遞。	下載完整與否 著作權爭議 授權及使用範圍
五	有使用期限的軟體及其他數位化資訊的授權	例如大多數試用版軟體，試用期間屆至，軟體即無法使用。	著作權爭議 授權及使用範圍
六	供單次使用的軟體或其他數位化商品	消費者僅取得軟體或其他數位化商品的單	著作權爭議 授權及使用範圍

		次使用權。	
七	應用軟體代管（使用者有軟體的使用授權，同意複製至代管方管理之伺服器）	使用者本身擁有軟體的長期使用授權，同意將該軟體複製至代管者所有且管理的伺服器，使用者使用時可能將該軟體下載至使用者電腦的RAM，也可能直接在代管者的伺服器上執行。	著作權爭議 授權及使用範圍 契約關係
八	應用軟體代管（代管方有軟體的使用授權，同時提供軟硬體支援）	代管方同時提供軟硬體支援，代管方同時是軟體著作權人，有權同意使用者使用該軟體。	著作權爭議 授權及使用範圍 契約關係
九	應用軟體服務供應商(ASP)	供應商取得應用軟體的使用授權，並將軟體建置在自行管理的伺服器上，提供顧客使用。嚴格而言，ASP並不直接提供商品或服務予顧客，而是提供顧客與軟體著作權人間互動方式的自動化管理。	著作權爭議 授權及使用範圍 契約關係
十	ASP支付給軟體供應商的權利金或報酬	ASP為提供前開服務，通常與實際軟體供應商或軟體著作權人間約定應付一定的權利金或報酬。	授權及使用範圍 契約關係
十一	網站代管	代管者提供伺服器的空間代管顧客的網站，顧客得自行自遠端控制或修改網站內容。	契約關係 共同侵權的疑義 資料安全的維護
十二	軟體維護	通常包括軟體更新與技術支援。	契約關係 著作權爭議

十三	資料倉儲	顧客為分散資料毀損的風險，將資料儲存於供應商的伺服器，顧客並可自行控制該資料。	契約關係 資料安全的維護
十四	透過網路進行的客戶服務	包括線上提供技術文件、偵錯服務、與技術人員聯繫。	契約關係 資料安全的維護
十五	資料的搜尋與取用	顧客將資料放置於供應商所提供的空間，顧客可自行搜尋取用特定資料。	契約關係 資料安全的維護
十六	傳遞獨家或其他高價值的資料	例如電子報、投資報告、業務分析等資料的訂購與傳遞。	契約關係 資料安全的維護
十七	廣告	廣告業者在網頁上建置廣告圖像，以顯示或點選方式吸引注意。	契約關係 共同侵權的疑義 不公平競爭疑義
十八	電子化的專業諮詢	例如醫師、律師等專業人士透過視訊或電子郵件等方式為顧客提供專業諮詢服務。	契約關係 隱私的維護
十九	提供技術資訊	提供顧客關於產品或服務的技術資訊。	契約關係 資料安全的維護
二十	資訊傳遞	供應商依照顧客的偏好，定期將資料以電子形式傳送至顧客處。	契約關係 隱私的維護 資料安全的維護
二一	使用互動式網站	消費者訂閱一擁有數位內容網站，可獲取資訊、音樂、影像、遊戲等服務。	契約關係 資料安全的維護 著作權爭議
二二	線上購物入口網站	網站經營者在自己的伺服器提供各種商品的電子目錄，商品實際係另由供應商提供，使用者選取並訂購商品，	契約關係 資料安全的維護 消費糾紛的處理 交易主體的定位

		網站經營者將訂單傳給供應商，供應商自行接受及處理訂單。	
二三	線上拍賣	網站經營者在網站上陳列供拍賣的商品，透過網上競標，上網者直接向物品所有人購買。	消費糾紛的處理 交易主體的定位 詐騙行為的處理
二四	銷售仲介	供應商提供網站銷售佣金，由網站經營者提供仲介服務。	消費糾紛的處理 交易主體的定位 詐騙行為的處理
二五	建置網站內容	網站經營者向不同的網站內容供應商取得新聞、資訊及各種線上內容，或由其他網站內容供應商建立專屬內容。	契約關係 著作權爭議 不公平競爭疑義
二六	網路即時廣播	網站提供使用者線上即時影音內容，網站則收取訂購費用或廣告報酬。	著作權爭議 契約關係
二七	商品或服務的陳列	網站內容供應商付費給網站經營者，陳列自己的網頁內容。	契約關係 共同侵權的疑義
二八	允許下載數位化商品網站的訂閱	使用者付費或以加入會員方式進入網站，取得下載數位商品的機會。	契約關係 著作權爭議 共同侵權的疑義

上開所陳述的電子商務類型，未必是單一，有許多網站進行各種複合式的交易，而且每種類型各有不同的變化，在不同的類型中也會有不同的物流、錢流及資訊流的關係。有意從事電子商務者不妨先評估經營計畫的實際操作，把可能面臨的爭議與難題

事先羅列，再評估現行法令的情形，善用科技與契約來管控風險，至少在法律層面能較為安心。

相關法規

如上所述，電子商務雖提供消費者便利之購物環境，但也造成新的消費者保護問題，如交易安全、隱私權保護、網路詐欺及跨國界之消費爭議處理等。鑑於網路交易日趨普及，為保障消費者權益，促進電子商務健全發展，行政院消費者保護委員會訂定「電子商務消費者保護綱領」，經行政院核定訂於九十一年一月一日起推動實施，其中部分原則值得網站經營者及消費者重視，該綱領雖無法律位階，但在發生消費爭議時，應仍具參考價值。

電子商務消費者保護綱領

伍　基本原則

一　透明及有效之保護

在電子商務中消費者所受之保護，不應低於其他交易型態中所受之保護。政府、企業經營者、消費者保護團體及消費者應共同合作，透過法令管制、業者自律、教育宣導、技術應用及國際合作等各項措施，達成前項目標。

二　公平之商業、廣告及行銷活動：

從事電子商務之企業經營者應尊重及維護消費者權利：

㈠企業經營者不得進行欺騙、誤導、詐欺或不公平之商業、廣告及行銷活動。

㈡企業經營者之商業、廣告及行銷活動，不得使消費者遭受不合理風險之傷害。

㈢企業經營者應提供有關其企業本身、商品或服務之資訊，並應確保資訊之清楚、明顯、正確及易於取得。

㈣企業經營者應遵守其所訂定與消費者交易時之各項政策及措施。

㈤企業經營者不得使用不公平之契約條款。

㈥企業經營者所為之廣告內容及行銷資訊應明確，並避免與評論或其他報導相混淆，俾利消費者清楚知道其為廣告內容或行銷資訊。

㈦企業經營者應於廣告及行銷活動中明確表示其身分。

㈧企業經營者應提供消費者於行使終止或解除契約、退貨或換貨、退款之情形時，與訂購或付款時相同程度之管道與方式。

㈨企業經營者對於兒童、高齡者及其他弱勢消費者採行之廣告或行銷活動，應慎重妥適為之。

㈩企業經營者對兒童所為之廣告應避免過度誇張或引誘，並不應出現不適當之內容，如色情或暴力之圖像、文字及影音等資訊。

⑪企業經營者應考量電子商務全球化之特質，並應遵守其目標市場之各種管制措施。

⑫企業經營者不得利用電子商務之特性，隱藏其真實身分或所在位置，而藉以規避消費者保護標準或執法機制之約束。

⑬企業經營者應建立自律機制，並採行易於使用之程序，使消費者可以選擇是否希望收到其主動寄發之商業電子郵件。消費者表示不願意收到企業經營者主動寄發之商業電子郵件時，企業經營者應即停止寄發。

三　線上資訊揭露

企業經營者應提供有利於消費者選擇及進行交易之充分資訊。

㈠企業經營者應提供充分、正確、清楚且易於瞭解之資訊。企業經營者提供資訊時應遵守下列原則：

1 使用淺顯易懂之文句，避免艱澀專業術語及法律用語。

2 提供之資訊應能讓消費者保存及利用。

3 提供消費者於進行交易時依法應告知之資訊。

4 資訊之提供應明顯且易於取得。

㈡企業經營者使用網際網路提供之資訊應包括下列內容：

1 企業經營者本身資訊

⑴登記名稱、負責人姓名及公司簡介。

⑵公司或商號所在地及營業處所所在地。

⑶電子郵件、電話、傳真等聯絡方式及聯絡人。

⑷經營之型態及核准之證照號碼。

⑸加入之自律機構或計畫之相關規定與措施，及其會員資格之確認方式。

2 銷售產品或服務之相關資訊，如正確之內容、使用方式及安全、健康之警語等。

3 交易資訊

⑴企業經營者所收取之全部價款明細，包括安裝、處理、遞送及相關費用，並明確告知使用之貨幣種類。

⑵其他非企業經營者收取但可能發生之費用，如貨物稅、關稅、保險、安裝、處理、遞送及相關費用。

⑶貨物遞送之安排。

⑷付款方式及是否開立交易收據。

⑸購買限制，如銷售地區、銷售期限或交易需取得監護人之同意等其他相關情況。

⑹猶豫期間、終止或解除契約、退貨或換貨、退款之條件。

⑺品質保證、保固服務及相關之售後服務。

⑻消費爭議處理方式，包括企業經營者內部申訴處理及外部公正第三者之爭議處理機制及程序。

⑼解決合約爭議之管轄法院及適用之準據法。

4 隱私權保護政策。

5 可選擇之付款方式及安全交易機制。

四　電子商務契約

企業經營者應採取適當之交易措施，以利消費者能理性地進行交易。

㈠企業經營者應採取適當之步驟，以確保消費者在交易程序中瞭解其權利及義務關係。

㈡企業經營者應提供消費者下列交易程序：

1 消費者表示有購買意願或同意進入購買程序。

2 消費者檢視並確認相關之交易條件及訂購內容。

3企業經營者應提供再次確認之機制，供消費者瞭解此為確認購買意願之最後程序。在訂購確認程序完成前，消費者得取消該項交易。

㈢在購買意願確認後，企業經營者應即以適當或約定之方式通知消費者。

㈣企業經營者之承諾應即以適當或約定之方式迅速通知消費者，並告知收貨期限。

㈤企業經營者應提供消費者可以解除或終止契約之適當機制。

五　隱私權保護

企業經營者應遵守下列消費者隱私權保護原則，政府亦應有適當的管制措施或機制。

㈠告知：企業經營者在蒐集消費者資料前，應明白告知其隱私權保護政策，包括資料蒐集之內容及使用目的。

㈡蒐集及使用限制：資料之蒐集應經由合法及公平之方法，並應取得消費者之同意。除消費者同意或法令另有規定外，使用上不得逾原先所告知消費者之使用目的。

㈢參與：消費者得查詢及閱覽其個人資料，並得增刪及修正。

㈣資料保護：對消費者之資料應為妥當之保護，避免遺失或未經授權之使用、銷燬、修改、再處理或公開。個人資料已無保存必要時，應確實銷燬。

㈤責任：企業經營者如未能遵守上述原則或未能遵守其在隱私權保護政策中所承諾之措施時，應自負其法令上之責任。

㈥企業經營者如對未滿十二歲兒童蒐集資料時，除應遵守前述五項原則外，並應遵守下列原則：

1公告明確且完整之兒童隱私權保護政策，告知其蒐集兒童個人資料之相關措施。

2 對兒童進行個人或其家庭成員資料之蒐集、使用及向第三者揭露，皆須先取得兒童父母或監護人之同意。

3提供兒童父母或監護人得以檢視、更正或刪除企業經營者所蒐集之兒童資料之機制。

4 確保所蒐集兒童個人資料之隱密性、安全性及完整性。

5不得以要求兒童提供個人或其家庭成員之相關資料，作為兒童參與相關活動之條件。

六　交易安全

㈠企業經營者應採取適當之措施保障交易安全，以保護於網路上傳輸及儲存於企業經營者處之付款及個人資料。

㈡企業經營者應提供消費者其所使用之安全及認證技術資訊，讓消費者瞭解該系統之風險。

㈢企業經營者應鼓勵消費者以安全方式提供個人機密資料。

㈣企業經營者應依相關之安控標準隨時更新所使用之安全及認證技術，以保持或提升交易安全等級。

七　付款

㈠企業經營者應提供消費者易於使用且安全之付款機制。

㈡企業經營者應提供下列付款資訊：

1 單一或可供選擇之付款方式。

2 各種付款方式之安全性。

3 如何有效使用該付款方式。

㈢金融機構應儘可能採取適當措施，協助消費者解決與企業經營者間因產品未送達、未授權交易或其他有瑕疵交易所產生之消費爭議。

㈣未經消費者授權之交易，除消費者有故意或重大過失者外，消費者不需負擔責任。

㈤消費者於猶豫期間退貨或解除契約後，企業經營者應即將貨款退還消費者。

八　消費爭議處理

消費者應能取得公平、有效、及時、經濟且易於取得之機制，解決交易所生之爭議。

㈠企業經營者內部申訴處理機制：企業經營者應設置內部申訴處理機制，此機制應：

1 快速且合理地回應消費者之申訴。

2 免收費用。

3 提供消費者有關申訴處理機制之處理程序。

㈡企業經營者外部爭議處理機制：企業經營者應提供可處理其與消費者間爭議之公正第三者所提供之選擇性爭議處理機制，此機制應：

1 具獨立性。

2 儘量透過網際網路進行。

㈢消費者有權選擇對其最有利之消費爭議處理方式。

㈣政府、企業經營者及消費者保護團體應共同合作，訂定適當之爭議處理機制準則。

九　教育、宣導與自覺

政府、企業經營者、教育機構、消費者保護團體及消費者應共同致力於安全交易意識之提昇。

㈠消費者教育應強調下列內容：

1 如何降低電子商務消費風險。

2 消費者應有之權利及義務。

3 如何安全地進行交易。

㈡消費者應能取得企業經營者不當或非法行為之相關資訊。

㈢企業經營者教育應強調電子商務之相關法規及如何採取適當之自律措施。

㈣消費者及企業經營者之教育應充分運用網際網路技術。

十　國際合作

政府、企業經營者及消費者保護團體應共同致力於下列事項：

㈠建立與國際間對消費者保護核心議題之共識，相關法規應與國際間調和一致。

㈡就電子商務重要消費者保護議題，加強與國際間之合作及交流。

㈢透過與國際對話、資訊交流、溝通及意見表達，致力推動跨國界消費爭議之司法管轄權、準據法與判決承認及執行之共識。

四、電子簽章法對網路交易的影響

案例

雖然說大部分的契約成立生效，不需要簽署書面，但在網路交易上為了保全證據，有沒有什麼方法是可以有相同於傳統書面文件的效果？另外法律上有若干強制須以書面方式做成的法律行為，可否以電子文件方式做成？

解析

以往我們從事交易行為的模式是：雙方當事人坐下來，然後開始對契約內容磋商、談判、討價還價、達成共識，最後：「口說無憑，白紙寫黑字」，雙方簽下契約，大功告成。隨著網際網路普及，政府及企業e化的潮流，現在，至少有一部分的交易是這樣完成的：坐在家裡電腦前，泡杯香醇的咖啡，瀏覽自己喜歡的Notebook，詳看規格或內容說明，決定後，以滑鼠左鍵選擇付款方式，再按下確定，貨品明天就由快遞送至家中……。對於這兩種截然不同的交易模式要說明的有二：首先，依據契約自由原則，除了法律規定強制要簽訂書面才能成立者外，只要交易的雙方同意契約的內容，不論口頭或是書面，契約即為成立，不一定買賣雙方白紙黑字才能成立買賣契約，只不過在於將來發生糾紛的時候，舉證的困難度相對較高，因為網路的交易雙方往往素昧平生，又加上匿名性以及網路資料容易遭人竄改，而竄改又不容易留下證據。

為因應電子商務潮流，世界各國早在數年前就相繼制定電子簽章的相關法令，例如，德國（一九九七年八月）、馬來西亞（一九九七年）、義大利（一九九七年三月）、新加坡（一九九八年六月）、香港（二〇〇〇年一月）、日本（二〇〇〇年五月）、美國聯邦（二〇〇〇年六月）以及各州（已有四十餘州完成立法），歐盟部分則是已完成電子簽章法指令之制定（二〇〇〇年一月），各會員國如英國（二〇〇〇年七月）、法國（二〇〇〇年三月）等。我國的電子簽章法則自九十一年四月一日開始施行，在電子簽章法第1條第1項中，明白的說明電子簽章法的立法目的是「為推動電子交易之普及運用，確保電子交易之安全，促進電子化政府及電子商務之發展，特制定本法」，而在立法總說明中，更說明本法立法目的在於「建立安全及可信賴之網路環境，確保資訊在網路傳輸過程中不易遭到偽造、竄改或竊取，且能鑑別交易雙方之身分，並防止事後否認已完成交易之事實，乃電子化政府及電子商務能否全面普及之關鍵。為推動安全的電子交易系統，政府及民間企業正致力於利用現代密碼技術，建置各領域之電子認證體系，提供身分認證及交易認證服務，以增進使用者之信心」。

電子簽章法自中華民國九十一年四月一日施行後，除了希望建立憑證制度，使一般民眾可以更放心在網路上從事交易行為外，就電子文件的效力也提出相關規範。對於法律規定契約之成立或生效應以書面簽署的情形，如其內容可完整呈現，並可於日後取出供查驗者，經相對人同意，原則上可以採用電子的方式進行；

甚至在非強制以書面為之的法律行為，在得到相對人的同意時，也可以電子文件為表示方法。肯定了在一定條件下，我們傳統一般所認為的書面也可以以電子文件代之，效果等同於書面。

相關法規

電子簽章法

第2條

本法用詞定義如下：

一　電子文件：指文字、聲音、圖片、影像、符號或其他資料，以電子或其他以人之知覺無法直接認識之方式，所製成足以表示其用意之紀錄，而供電子處理之用者。

第4條

經相對人同意者，得以電子文件為表示方法。

依法令規定應以書面為之者，如其內容可完整呈現，並可於日後取出供查驗者，經相對人同意，得以電子文件為之。

前二項規定得依法令或行政機關之公告，排除其適用或就其應用技術與程序另為規定。但就應用技術與程序所為之規定，應公平、合理，並不得為無正當理由之差別待遇。

第5條

依法令規定應提出文書原本或正本者，如文書係以電子文件形式作成，其內容可完整呈現，並可於日後取出供查驗者，得以電子文件為之。但應核對筆跡、印跡或其他為辨識文書真偽之必要或法令另有規定者，不在此限。

前項所稱內容可完整呈現，不含以電子方式發送、收受、儲存及顯示作業附加之資料訊息。

第6條

文書依法令之規定應以書面保存者，如其內容可完整呈現，並可於日後取出供查驗者，得以電子文件為之。

前項電子文件以其發文地、收文地、日期與驗證、鑑別電子文件內容真偽之資料訊息，得併同其主要內容保存者為限。
第一項規定得依法令或行政機關之公告，排除其適用或就其應用技術與程序另為規定。但就應用技術與程序所為之規定，應公平、合理，並不得為無正當理由之差別待遇。

五、網路投保

案例

宏達在大學擔任教職，臨時得知因為居住在美國的父親因為老毛病過幾天可能要開刀，雖然父親與自己在美國經商的長兄同住，不乏人照顧，但是孝順的宏達仍決定放下手邊的工作飛到美國探視，因為事出突然，宏達趕緊通知他的保險公司幫他辦理意外險，他才知道現在投保可以直接在網路完成手續，省了他不少的時間。試問，是什麼機制讓宏達可以安心的在網路上投保？

解析

前面我們提到了電子簽章法對網路交易的影響，我們再以網路投保為例說明。一般提到網路投保的意思有二：一種就是傳統的上網投保方式，即消費者透過網路投保後，保險公司必須再把「實體」保單送到保戶手中，或要保戶親自上門簽名，才算完成投保作業。另一種就是新開發的“PKI (Public Key Infrastructure)”，也就是「公鑰基礎建設機制」，這種投保方式，因為先確認了保戶身分，所以親自在保險契約的「文件」上簽名的程序可以省去。

在電子簽章法制定以前，不少保險業者宣稱可以受理網路投保，但無法直接在網路上完成簽章手續，必須由投保者在網路上填寫資料送出後，保險公司再以郵寄或傳真保單給該投保人，投保人於保單上簽名後再郵寄或傳真給保險公司，才算真正完成投保程序，嚴格說來不能算是真正的網路投保。

由於電子簽章法的制訂，使得真正的網路投保可以實現，以往保險契約依照保險法第43條需以保險單或暫保單為之，換言之，即使雙方在網路上同意簽訂保險契約，但最終還是必須把保單列印下來，由投保人簽名才算數。現在透過所謂「憑證」的機制，加以傳統的保險單可以電子文件代替之，而簽名則以電子簽章為之，真正在網際網路中完成投保的動作。我國法律也因應電子商務時代的來臨，以「電子簽章法」為基礎，解決了電子商務中最大的難處，即網路上身分認證的問題。所謂「網路認證」係指認證機構於網路交易過程中居於公正客觀地位，確認憑證申請人身分資料的正確性、憑證的合法性及交易雙方資料的有效性。當一般人在進行網路交易（例如網路下單或網路轉帳）時，銀行或證券商必須確定當事人就是該帳號的擁有者，類似現實生活中常需出示身分證或其他證明文件，以證明個人之身分。

與網路認證有關的是「公鑰基礎建設機制」（PKI, Public Key Infrastructure），公鑰基礎建設機制是指係運用公開金鑰及電子憑證以確保網路交易的安全性及確認交易對方身分之機制，這項機制係以網路認證之信任機制為基礎，交易雙方相互地信任其認證機構，搭配金鑰對之產製及數位簽章等功能，即可經由其認證機構核發之電子憑證確認彼此的身分，希望提供資料完整性、資料來源辨識、資料隱密性、不可否認性等四種重要的安全保障。

所以，就本案例而言，宏達在網路上投保，基礎關係是電子簽章法中有關電子文件可替代書面的規定，以及電子簽章代替傳統簽章的適法性，再透過技術解決了認證的問題，並使保險公司與投保的人間彼此確認身分。

相關法規

保險業管理辦法【民國九十二年十二月三十一日修正】

第4–1條

依本法第四十三條規定簽發之保險單或暫保單，得以電子文件方式為之。以電子文件方式簽發保險單或暫保單，應以數位簽章簽署；其紀錄保存、內部安全控制及契約範本等作業管理規範，並應事先由保險商業同業公會訂定，報主管機關備查。

六、排除電子簽章法適用事項

宲例

仁愛房屋仲介公司為因應電子商務時代來臨，提出各項e化服務，並配合電子簽章法的實施，推出不動產物權移轉電子化服務，希望將以往紙本書面表格契約轉成無紙化的電子文件，就現行法制而言，是否可行？

解析

電子簽章法的施行，原則上賦予電子文件、電子憑證法律上之地位及效力，也就是說，此後，只要是合於電子簽章法規定的電子文件、電子憑證，雖不具備實體之書面形式，仍能夠完全有效產生法律所規定或當事人間所預定的法律效果。但是依電子簽章法第4條第3項、第6條第3項及第9條第2項例外規定，行政機關可以公告不適用電子簽章法的項目，再從反面來觀察這些排除電子簽章法適用事項規定，凡不在公告範圍內之項目，都可以依據電子簽章法的規定使用電子文件代替傳統之書面形式，或用電子憑證代替傳統之印章、印鑑。

主管機關在電子簽章法的立法總說明中強調「建立安全及可信賴之網路環境，確保資訊在網路傳輸過程中不易遭到偽造、竄改或竊取，且能鑑別交易雙方之身分，並防止事後否認已完成交易之事實，乃電子化政府及電子商務能否全面普及之關鍵。為推動安全的電子交易系統，政府及民間企業正致力於利用現代密碼技術，建置各領域之電子認證體系，提供身分認證及交易認證服務，以增進使用者之信心」。換句話說，推動電子化商務是現在的趨勢，政府即應盡量使相關書面文件得以電子化，對於排除電子簽章法適用事項規定，實在不應該規定太多，否則僅有少部分法律行為得適用電子簽章法，如何符合「電子化政府及電子商務全面普及」的政策？

可惜的是，現在政府各部會，紛紛就其所主管之法規提出排除電子簽章法適用項目，且數量驚人，實在很難看得出來積極認真推動電子化政府的決心何在，以法務部而言，在九十一年三月二十一日公告排除電子簽章法有關「書面」、「文書」或「簽名蓋章」適用之法規及項目，將其所主管法規中的行政程序法、國家賠償法、鄉鎮市調解條例、行政執行法、律師法等法規中多項書面文件排除電子簽章法的適用，且就㈠法人章程的訂定即法人登記文書。㈡社團法人表決權的行使即決議事項相關文書。㈢公證書、公認證書。㈣不動產物權之設定、移轉、負擔及證明文書。㈤與親屬法有關事項之文書。㈥遺囑及遺囑之附件、有關繼承性質之文書。㈦民法第426–2條、第461–1條等均公告為排除電子簽章法適用之文書、書面或簽名或蓋章的項目，幾乎將民法中大部分應該用書面做成法律行為的規定都排除適用了，似乎太過保守了一點。此外，各部會主管項目都有類似規定排除電子簽章法的適用，請讀者留意，以下僅就財政部公告排除電子簽章法適用之項目（保險部分）及行政院消費者保護委員會排除適用電子簽章法電子文件適用之項目摘錄供參考。

財政部公告排除電子簽章法適用之項目（保險部分）

法規名稱	條次（項次、款次）	法規文字內容
保險法	第34條	保險人應於要保人或被保險人交齊證明文件後，於約定期限內給付賠償金額。無約定期限者，應於接到通知後十五日內給付之。
保險法	第64條第3項	前項解除契約權，自保險人知有解除之原因後，經過一個月不行使而消滅；或契約訂立後經過二年，即有可以解除之原因，亦不得解除契約。
保險法	第82條第3項	保險人終止契約時，應於十五日前通知要保人。
保險法	第105條	由第三人訂立之死亡保險契約，未經被保險人書面同意，並約定保險金額，其契約無效。 被保險人依前項所為之同意，得隨時撤銷之。其撤銷之方式應以書面通知保險人及要保人。 被保險人依前項規定行使其撤銷權者，視為要保人終止保險契約。
保險法	第106條	由第三人訂立之人壽保險契約，其權利之移轉或出質，非經被保險人以書面承認者，不生效力。
保險法	第111條	受益人經指定後，要保人對其保險利益，除聲明放棄處分權者外，仍得以契約或遺囑處分之。 要保人行使前項處分權，非經通知，不得對抗保險人。
保險法	第116條第1、2、4項	人壽保險之保險費到期未交付者，除契約另有訂定外，經催告到達後逾三十日，仍不交付時，保險契約之效力停止。 催告應送達於要保人，或負有交付保險費義務之人之最後住所或居所。保險費經催告後，應於保險人營業所交付之。

		保險人於第一項所規定之期限屆滿後，有終止契約之權。
保險法	第119條第1項	要保人終止保險契約，而保險費已付足一年以上者，保險人應於接到通知後一個月內償付解約金；其金額不得少於要保人應得保單價值準備金之四分之三。
保險法	第130條	準用第一百零五條。
保險法	第135-4條	第一百零三條、第一百零四條、第一百零六條、第一百十四條至第一百二十四條規定，於年金保險準用之。但於年金給付期間，要保人不得終止契約或以保險契約為質，向保險人借款。
強制汽車責任保險法	第18條	本保險契約成立後，保險人應簽發保險證及保險契約書交予被保險人。保險證之必要記載事項變更時，被保險人應通知保險人更正。
強制汽車責任保險法	第19條第3項	保險人依前項規定終止保險契約前，應以書面通知被保險人於文到十日內補正；被保險人於終止契約通知到達前補正者，保險人不得終止契約。
強制汽車責任保險法	第22條後段	保險人對被保險人或受益人之通知或同意變更保險契約，亦同。
強制汽車責任保險法	第28條	被保險汽車發生汽車交通事故時，受益人得在本法規定之保險金額範圍內，直接向保險人請求給付保險金。
強制汽車責任保險法	第33條	因汽車交通事故死亡者，其受益人經提出證明文件，得在本法規定之保險金額二分之一範圍內，請求保險人給付暫時性保險金，保險人應立即給付。 前項汽車交通事故經鑑定結果，保險人所給付之暫時性保險金超過應給付之保險金時，保險人得就超過部分，向受益人請求返還。

強制汽車責任保險法	第38條第1項	汽車交通事故發生時，受害人或其繼承人因下列情事之一，未能依本法規定向保險人請求給付保險金者，得在相當於本法規定之保險金額範圍內，向特別補償基金請求補償：
強制汽車責任保險法	第39條第2項	特別補償基金於補償金額範圍內，得直接向加害人或汽車所有人求償。
強制汽車責任保險法	第45條	公路監理機關於執行路邊稽查，或警察機關於執行交通勤務時，對於未依規定投保本保險者，應予舉發。 汽車所有人接獲違反本保險事件通知單後，應於十五日內到達指定處所聽候裁決；逾期未到案者，得逕行裁決之。但行為人認為舉發之事實與違規情形相符者，得不經裁決，逕依各款條款罰鍰最低額，自動向指定之處所繳納結案。 前項罰鍰繳納處理程序及繳納機構，由交通部會同財政部定之。

行政院消費者保護委員會排除適用電子簽章法電子文件適用之項目

排除適用事項名稱	法律依據（條次）
消費者之猶豫權通知書面	消費者保護法第19條
分期付款買賣契約書	消費者保護法第21條
商品或服務保證書	消費者保護法第25條
消費爭議調解委員會作成之調解書	消費者保護法第46條
定型化契約條款	消費者保護法施行細則第9條
解約通知書	消費者保護法施行細則第19條、第20條
品質保證書	消費者保護法施行細則第26條
行政處分書	消費者保護法施行細則第32條

消費爭議申訴書、申訴資料表、補充資料書、處理書、通知書、決定書	消費者保護官執行職務應行注意事項第18點、第20點、第28點、第38點、第39點、第54點消費爭議申訴案件處理要點第2點
消費爭議申請調解書、調解書	消費爭議調解辦法第2條、第15條
聲請檢察官扣押書	主管機關辦理消費者保護法第34條扣押證物執行要點第3點
聲請消費訴訟同意書	消費者保護官任用及職掌辦法第6條
同意聲請消費訴訟決定書	消費者保護官執行職務應行注意事項第46點
消費團體評定申請書、撤回申請書、駁回決定書	消費者保護團體評定辦法第16條、第18條、第19條

網路電子交易的快速便利及電子文件易於保存管理，是電腦網路時代的一大特色，在網路傳輸安全性符合期望及網路交易付費機制便利性成熟後，消費者必然願意接受電子化的交易環境，也願意接納以電子文件代替傳統的書面文件，屆時也許政府對於排除電子簽章法的適用會有較進步的看法，我們也希望政府在促進電子化政府及營造電子商務環境時,能以領先示範的角色出現。

相關法規

電子簽章法

第4條

經相對人同意者，得以電子文件為表示方法。

依法令規定應以書面為之者，如其內容可完整呈現，並可於日後取出供查驗者，經相對人同意，得以電子文件為之。

前二項規定得依法令或行政機關之公告，排除其適用或就其應用技術與程序另為規定。但就應用技術與程序所為之規定，應公平、合理，並不得為無正當理由之差別待遇。

第6條

文書依法令之規定應以書面保存者，如其內容可完整呈現，並可於日後取出供查驗者，得以電子文件為之。

前項電子文件以其發文地、收文地、日期與驗證、鑑別電子文件內容真偽之資料訊息，得併同其主要內容保存者為限。

第一項規定得依法令或行政機關之公告，排除其適用或就其應用技術與程序另為規定。但就應用技術與程序所為之規定，應公平、合理，並不得為無正當理由之差別待遇。

第9條

依法令規定應簽名或蓋章者，經相對人同意，得以電子簽章為之。

前項規定得依法令或行政機關之公告，排除其適用或就其應用技術與程序另為規定。但就應用技術與程序所為之規定，應公平、合理，並不得為無正當理由之差別待遇。

七、網路購物適用消費者保護法的基本認識

案例

劉湖在網路上購物網站瀏覽，只看了網站上所介紹的資訊就訂購一部筆記型電腦，等到拿到了電腦，對電腦顏色與外觀不滿意，劉湖可以怎麼做？

解析

隨著科技的發達，傳播媒體的進步，人們購物也漸漸從傳統至店家購買現物的單一型態而有各種變化，尤其透過資訊的完整蒐集，消費者可以不需要實際檢視商品就決定購買，從交易便利層面觀察，科技的進步提供了更多的交易成功的機會，不過因為消費者未實際檢視商品就決定購買，發生糾紛的風險也隨之增加，法律在此則發揮降低交易成本及保障交易安全的功能，就目前網路交易糾紛的處理，消費者保護法是一部重要而基本的法律。其實消費者保護法在民國八十三年制訂時，並未訂定網路買賣相關事宜，僅規範「郵購買賣」，並在第2條第8款定義郵購買賣「指企業經營者以郵寄或其他遞送方式，而為商品買賣之交易型態」，並在施行細則第3條例示郵購買賣之交易型態，指「企業經營者以廣播、電視、電話、傳真、目錄之寄送或其他類似之方法，使消費者未檢視商品而為要約，並經企業經營者承諾之契約」。從當時的立法看來，網際網路的利用，並沒有被立法者考量在內。一直到了九十二年一月二十二日才公布施行修正消費者保護法第2條關於郵購買賣的定義，即第10款「郵購買賣：指企業經營者以廣播、電視、電話、傳真、型錄、報紙、雜誌、網際網路、傳單或其他類似之方法，使消費者未能檢視商品而與企業經營者所為之買賣」，正式將企業經營者以網際網路與消費者所為買賣的行為，納入消費者保護法的規範。

關於網路買賣適用消費者保護法，首先要注意的是，就概念而言，並非所有在網路上完成要約及承諾的買賣交易行為都適用消費者保護法，如果交易前消費者已經檢視交易標的物，就算是企業、消費者事後利用網路磋商達成協議，也不適用消費者保護法，換句話說，受消費者保護法規範的交易型態只限「消費者未檢視商品而為要約，並經企業經營者承諾之契約」。又如不受消費者保護法規範的交易，仍須受民法相關的規範，併請注意。

民法上對於一般交易行為的規定，多尊重當事人自由意志，如果契約成立生效後，原則上就應依約履行，如果給付有瑕疵，民法則有修補瑕疵、更換無瑕疵物、減少價金、損害賠償或解除契約等規範；如果違約不履行契約相關規範，民法也設有催告、損害賠償、解除契約等規範。消費者保護法針對類似郵購買賣「使消費者未檢視商品而為要約，並經企業經營者承諾之契約」的情形，則有特別規定，即出賣人負特殊告知義務、七日猶豫期間、無條件解約權等。在此仍須提醒讀者，許多消費者常常誤會只要是買賣交易都有「七日猶豫期間、無條件解約權」的適用，實則不然，只有在「消費者未檢視商品而為要約，並經企業經營者承諾之契約」的情形才有「七日猶豫期間、無條件解約權」的適用；而且在消費者保護法的特別規定以外，關於網路交易行為，還是有民法的適用，一般消費者切勿誤會僅適用消費者保護法就無民法的適用。

消費者利用網路購物時常會擔心如果發生糾紛，這個糾紛是否可以找得到交易相對人（店家）來處理，消費者保護法第18條即規定企業經營者為郵購買賣或訪問買賣時，應將其買賣之條件、出賣人之姓名、名稱、負責人、事務所或住居所告知買受之消費者。此條文的目的在使消費者能確知其交易之相對人為何者，便於其後消費者行使申訴、退回商品、書面通知解除契約等權利，且依消費者保護法施行細則第16條第1項之規定，企業經營者應於訂立訪問買賣時，除告知前開消費者保護法第18條所定事項外，尚應告知該法第19條第1項「於收受商品後七日內無須說明理由之解除契約權」，並取得消費者聲明已受告知之證明文件。但可惜的是，很多消費者都沒去注意購物網站上是否有上開資訊，甚至國內大多數的購物網站，無論知名或不知名，都很少把出賣人之姓名、名稱、負責人、事務所或住居所等資訊明確的在網站上揭露，甚至對於「七日猶豫期間、無條件解約權」的適用也是以曖昧不明數語帶過，消費者必須謹慎看待。

如果企業經營者違反了消費者保護法第18條的告知義務，就消費者保護法本身而言，並無處罰規定，至多係依同法第60條規定「企業經營者違反本法規定情節重大，報經中央主管機關或消費者保護委員會核准者，得命停止營業或勒令歇業」，不過主管機關似乎認為這種行為也構成公平交易法第24條之「欺罔」行為，而得依同法第41條規定，由公平交易委員會命其限期停止或改正，或處以罰鍰。有疑義的是，企業經營者如違反告知義務，消費者可否主張此契約無效？本書認為，消費者保護法第18條的規定是保護消費者的重要條文，對於維護現代化交易的安全有正面意義，因此如果企業違反消費者保護法第18條的告知義務，消費者應可依民法第71條的規定主張此交易契約無效。不過，實務上曾有判決認為在此情形，消費者仍須依消費者保護法第19條第1項之收到商品後七日內行使解除權，否則即不得再主張解除契約。

消費者保護法中對於郵購買賣最重要的規定就是第19條「郵購或訪問買賣之消費者，對所收受之商品不願買受時，得於收受商品後七日內，退回商品或以書面通知企業經營者解除買賣契約，無須說明理由及負擔任何費用或價款」，而且對於此「七日猶豫期間、無條件解約權」的規定，企業經營者也不能另外以特約排除，如果違反，則第19條第2項明文規定該約定無效。只要是交易型態是屬於「消費者未檢視商品而為要約，並經企業經營者承諾之契約」，消費者都可以在收到商品後七日內無須說明理由退回商品或解除契約。消費者必須注意，此處解除契約必須以書面為之，否則不生解除契約的效力，而且消費者退回商品或以書面通知解除契約，對於商品的交運或書面通知之發出，一定要在收受商品後七日內為之，不過消費者於收受商品或接受服務前，也可以書面通知企業經營者解除買賣契約。契約解除後的法律效果是當事人雙方負有回復原狀的義務，企業經營者對於如何回復原狀可以與消費者約定，但是這項約定不得比民法第259條所規定事項更為不利，也就是說，在消費者依照消費者保護法第19條的規定解除契約時，民法第259條的回復原狀規定是保護消費者的最低標準，條文內容請參考本單元相關法規部分。

依目前國際潮流，普遍認為消費者享有的消費者權利包括：享有安全的權利、資訊的權利、享有選擇的權利、被重視的權利、方便救濟的權利，而消費者保護法基本上就是要保障這些消費者權，而企業經營者對消費者保護法也不用以排斥、規避的態度面對，就消極面而言，企業經營者應該正確了解法律，並符合法律規範最低標準，避免爭議發生；從積極面出發，企業經營者更可以體認消費者保護法的精神，建立合理而有效率的客戶服務制度，創造更大的營業績效。

相關法規

消費者保護法

第2條第10款

郵購買賣：指企業經營者以廣播、電視、電話、傳真、型錄、報紙、雜誌、網際網路、傳單或其他類似之方法，使消費者未能檢視商品而與企業經營者所為之買賣。

第18條

企業經營者為郵購買賣或訪問買賣時，應將其買賣之條件、出賣人之姓名、名稱、負責人、事務所或住居所告知買受之消費者。

第19條

郵購或訪問買賣之消費者，對所收受之商品不願買受時，得於收受商品後七日內，退回商品或以書面通知企業經營者解除買賣契約，無須說明理由及負擔任何費用或價款。

郵購或訪問買賣違反前項規定所為之約定無效。

契約經解除者，企業經營者與消費者間關於回復原狀之約定，對於消費者較民法第二百五十九條之規定不利者，無效。

第19-1條

前二條規定，於以郵購買賣或訪問買賣方式所為之服務交易，準用之。

消費者保護法施行細則

第16條

企業經營者應於訂立郵購或訪問買賣契約時，告知消費者本法第十八條所定事項及第十九條第一項之解除權，並取得消費者聲明已受告知之證明文件。

第17條

消費者因檢查之必要或因不可歸責於自己之事由，致其收受之商品有毀損、滅失或變更者，本法第十九條第一項規定之解除權不消滅。

第18條

消費者於收受商品或接受服務前，亦得依本法第十九條第一項規定，以書面通知企業經營者解除買賣契約。

第19條

消費者退回商品或以書面通知解除契約者，其商品之交運或書面通知之發出，應於本法第十九條第一項所定之七日內為之。

本法第十九條之一規定之服務交易，準用前項之規定。

第20條

消費者依本法第十九條第一項規定以書面通知解除契約者，除當事人另有特約外，企業經營者應於通知到達後一個月內，至消費者之住所或營業所取回商品。

民法

第259條

契約解除時，當事人雙方回復原狀之義務，除法律另有規定或契約另有訂定外，依左列之規定：

一　由他方所受領之給付物，應返還之。

二　受領之給付為金錢者，應附加自受領時起之利息償還之。

三　受領之給付為勞務或為物之使用者，應照受領時之價額，以金錢償還之。

四　受領之給付物生有孳息者，應返還之。

五　就返還之物，已支出必要或有益之費用，得於他方受返還時所得利益之限度內，請求其返還。

六　應返還之物有毀損、滅失或因其他事由，致不能返還者，應償還其價額。

八、網路購物與七日猶豫期間

案例

劉湖在網路上購買了一部筆記型電腦後，依消費者保護法第19條第1項之收到商品後七日內行使解除權退回電腦，順利的拿回款項；另外劉湖也利用購物網站購買了一套應用軟體，而且在網路上下載成功，但劉湖使用後發現不合乎自己的需求，是否也能在七日內行使解除權？

解析

上一個單元提到網路購物屬於消費者保護法中的郵購買賣，而關於郵購買賣可適用消費者保護法第19條「郵購或訪問買賣之消費者，對所收受之商品不願買受時，得於收受商品後七日內，退回商品或以書面通知企業經營者解除買賣契約，無須說明理由及負擔任何費用或價款」，這項條文規定在買賣標的是一般家電、書籍、電腦等產品時，並沒有問題，甚至關於國外旅遊、度假中心、高爾夫俱樂部會員卡等服務，也因為消費者保護法第19-1條規定「前二條規定，於以郵購買賣或訪問買賣方式所為之服務交易，準用之」，適用上並無疑義。

又依消費者保護法施行細則第17條規定「消費者因檢查之必要或因不可歸責於自己之事由，致其收受之商品有毀損、滅失或變更者，本法第十九條第一項規定之解除權不消滅」，也就是說，關於郵購或訪問買賣，只要是因為檢查商品的必要或是因為不可歸責於自己的事由而造成所收受的商品有毀損、滅失或變更，仍得行使消費者保護法第19條所規定的解除權；但反面而言，如果是因為可歸責於消費者自己的原因使所收受的商品有毀損、滅失或變更，就不能再行使契約解除權了。

除了因可歸責於己之事由致商品毀損、滅失或變更，消費者即不得再行使解除權外，目前我國消費者保護法並未對郵購買賣中的「七日猶豫期間、無條件解約權」的規定設有例外，而且企業經營者也不能另外以特約排除，如果違反，則第19條第2項明文規定該約定無效。因此，只要是交易型態是屬於「消費者未檢視商品而為要約，並經企業經營者承諾之契約」，消費者都可以在收到商品後七日內無須說明理由退回商品或解除契約。不過，如果交易的標的是香水、食物，消費者一經消費，幾乎沒有退還的可能；又如鮮花、生鮮食品，如經過七日的猶豫期間，已經腐壞或超過使用期限；還有如利用網路交易直接在線上下載數位內容，一經下載即可大量複製傳遞，如仍允許消費者無條件解除契約，則如何期待消費者「返還」商品?

前面所提到特殊的交易標的，如果仍然毫無限制的容許消費者行使解除權，在如何恢復原狀上，必然會發生爭議，對企業經營者的風險也會增加，對電子商務的發展可能會有不利的影響，不過依目前主管機關行政院消費者保護委員會的意見，似乎認為以線上遞送方式所為數位化商品的買賣，仍有消費者保護法中關於郵購買賣的適用。不過本書認為，未來消費者保護法在修法時，勢必將上開性質特殊，不適合任由消費者解除契約的商品或服務，排除「七日猶豫期間、無條件解約權」的適用；在未修法前，本書亦認為，基於「七日猶豫期間、無條件解約權」的立法目的，本在於因遠距交易消費者無法檢視物品，為保護消費者權益所設特別保護規定，而在前面所提到的性質特殊商品如數位商品，如在交易過程已提供消費者充足資訊或試用機會，則應對消費者保護法第19條為「目的性限縮」，限制消費者無條件解除權的行使，而關於產品或服務有瑕疵爭議，仍回復適用民法的一般規定。

相關法規

歐盟執委會在一九九七年七月發布「關於遠距契約消費者保護指令」(DIRECTIVE 97/7/EC OF THE EUROPEAN PARLIAMENT AND OF THE COUNCIL of 20 May 1997 on the protection of consumers in respect of distance contracts)，對於排除「七日猶豫期間、無條件解約權」提出一些標準，可供參考。該指令第6條第3點(Article 6 3.)針對若干性質特殊商品或服務規定，除非當事人間另有約定，否則有下列情形之一者，排除消費者解除契約權的適用：

1. 以服務為交易標的，該服務已經開始進行，且服務在七天猶豫期間已被消費者所接受。(for the provision of services if performance has begun, with the consumer's agreement, before the end of the seven working day period referred to in paragraph 1,)
2. 所提供產品或服務的價格取決於金融市場的波動，無法由提供者單方面決定。(for the supply of goods or services the price of which is dependent on fluctuations in the financial market which cannot be controlled by the suppli-

er,)

3. 為消費者特別指定或個人需求所提供的產品，或基於其性質無法退還、易腐壞或超過使用期限的產品。(for the supply of goods made to the consumer's specifications or clearly personalized or which, by reason of their nature, cannot be returned or are liable to deteriorate or expire rapidly,)

4. 以提供影音產品或電腦軟體為交易標的，且經消費者拆封者。(for the supply of audio or video recordings or computer software which were unsealed by the consumer,)

5. 以提供報紙、期刊或雜誌為交易標的。(for the supply of newspapers, periodicals and magazines,)

6. 以遊戲或彩券為交易標的。(for gaming and lottery services.)

九、購物網站標錯價格糾紛

案例

某購物網站推出多項線上購物活動，因作業疏忽誤將原價十九萬多元的電漿電視標價成一萬九千多元，造成網路使用者的搶購。業者發現後因損失過大不願認帳，消費者該如何自保權益呢？

解析

網路購物的熱潮興起，而網站將商品價格標錯的情形時有所聞，有些業者碰到這種情形，為了保全商譽，完全承認損失，但大多數業者都不太願意認帳，有的把疏失推到入口網站頭上，有的只願意補消費者一些折價券或贈品，而有更多業者為了避免標錯價格、庫存不足、出貨不及等風險，均在網頁上註明保留出貨或接受訂購的權利，甚至有部分網站在接到消費者電子訂購並完成線上刷卡付款後，仍以電子郵件回覆「收到您的訂購，但本公司保留接單權利」。消費者碰到這種情形當然不好受，但除了抗議以外，也應該了解一些基本法律常識。

消費者訂購網站上出售的商品，業者卻不願出售，這牽涉契約是否成立，如果契約成立生效，雙方當事人均應受契約的約束，履行契約義務。民法關於契約的成立，依民法第153條規定「當事人之間如互相表示意思一致者，無論為明示或默示，契約即為成立」。雙方當事人意思表示一致的情形有三種：一、要約與承諾；二、意思實現；三、交錯要約。以下就網路購物契約成立可能發生的情形說明：

一、要約與承諾

民法上的要約是指以訂立一定契約為目的，喚起相對人承諾的一種意思表示；承諾是指接到要約的相對人所為同意以要約內容訂立契約的意思表示。當事人間一為要約，一做承諾，契約即為成立。例如菜販在市場叫賣白菜一把五十元，為要約，顧客說我要買一把，為承諾，二人間的買賣契約成立。要約一經達到相對人，除非要約當時預先聲明不受拘束，或依其情形或事件之性質，可認當事人無受其拘束之意思者外，要約人原則上就應受自己要約的拘束，不得任意變更、擴張、限制或撤回。不過「要約之引誘」就不同了，要約之引誘只是要引起他人向自己為要約的意思表示，例如菜販在市場宣傳「白菜新鮮」，並不構成要約。

民法第154條第2項規定「貨物標定賣價陳列者，視為要約。但價目表之寄送，不視為要約」。如果我們在百貨公司購物，親自檢視商品，商品上也有標價，則店家將商品標定賣價陳列，就屬於要約，消費者告訴店員決定購買，屬於承諾，雙方間買賣契約成立，店家不能在消費者承諾購買後反悔不賣。網路購物的性質可能就不太一樣了，基本上在網路商店中，出賣人就其網站上所作貨品之圖片、定價及其他介紹等展示，並非實物，似乎不合乎前述「貨物標定賣價陳列」之定義，不算是一種要約，性質較接近喚起他人向自己為要約的「要約之引誘」，網路商店並不受之拘束。就算以最廣泛的觀點認定網路上展示商品也算是要約，網路商店也常常會一併聲明保留出貨或接受訂購的權利，此時依照民法第154條第1項但書的規定，網路商店也不須受其拘束。

雖然網路商店可能主張契約並未成立，所以不須履行契約義務，但對於商品標錯價格一事，對消費者而言，如非因過失而信契約能成立致受有損害，仍能依民法第245-1條主張店家應負締約過失責任，請求損害賠償。

如果把網站上的貨物陳列視為要約，則消費者的訂購行為即視為要約，如果業者在接受消費者的訂購後，通知消費者契約成立，則視為承諾，契約因當事人間意思表示一致而成立，店家就應該履行契約義務，不得再主張契約並未成立。此時店家還有可能主張其意思表示錯誤，而依民法第88條撤銷意思表示，不過，民法第88條撤銷意思表示的要件較嚴格，須意思表示錯誤非由表意人自己的過失所造成，而且並須對相信意思表示有效而受損害的相對人或第三人，負賠償責任。

二、意思實現

意思實現是指，承諾在無須通知的情形，有可認為承諾的事實時，契約仍然成立。如果把網站上的貨物陳列視為要約，則消費者的訂購行為即視為要約，如果業者在接受消費者的訂購後，將貨物或提貨單寄給消費者，此時雖然店家並未通知承諾，但是寄送貨物或提貨單的事實可認為是承諾的意思表示，雙方當事人間的契約成立。

三、交錯要約

交錯要約是指當事人偶然的互為要約，內容卻完全一致，此時雙方均無須再另為承諾的意思表示，契約仍然成立。例如網站上標示某商品廣告，網路商店又主動寄發電子郵件給特定會員表示願以特定價格出售該商品，而恰巧某會員同時寄發電子郵件表示願以特定價格購買該商品，此時二電子郵件均可視為要約，且內容一致，雙方成立契約。

最後要提醒消費者的是，購物網站標錯價格，未必都屬惡意，而消費者的權益也未必受到太大的損害，店家自己造成的商譽損失恐怕更大，消費者面對此類糾紛時，宜先盡量蒐集相關事證，尤其是與店家往來的電子郵件、憑證或是其他紀錄，依前開原則，就交易現況適當的主張權利。

相關法規

民法

第153條

當事人互相表示意思一致者，無論其為明示或默示，契約即為成立。

當事人對於必要之點，意思一致，而對於非必要之點，未經表示意思者，推定其契約為成立，關於該非必要之點，當事人意思不一致時，法院應依其事件之性質定之。

第154條

契約之要約人，因要約而受拘束。但要約當時預先聲明不受拘束，或依其情形或事件之性質，可認當事人無受其拘束之意思者，不在此限。

貨物標定賣價陳列者，視為要約。但價目表之寄送，不視為要約。

第161條

依習慣或依其事件之性質，承諾無須通知者，在相當時期內，有可認為承諾之事實時，其契約為成立。

前項規定，於要約人要約當時預先聲明承諾無須通知者，準用之。

第245-1條

契約未成立時，當事人為準備或商議訂立契約而有左列情形之一者，對於非因過失而信契約能成立致受損害之他方當事人，負賠償責任：

一　就訂約有重要關係之事項，對他方之詢問，惡意隱匿或為不實之說明者。

二　知悉或持有他方之秘密，經他方明示應予保密，而因故意或重大過失洩漏之者。

三　其他顯然違反誠實及信用方法者。

前項損害賠償請求權，因二年間不行使而消滅。

十、網路斷線

案例

程明最近迷上了線上遊戲，整日在線上遊戲中「練功」，在其家中安裝了某業者的寬頻上網，但是大約四天前網路連線變得非常不穩定，不僅LAG（遲延），還不時的斷線，甚至在兩天前就已連不上線了，通知該公司，該公司聲稱因其位於南港的廠房遭人為縱火，波及到廠房，目前正在搶修中。試問，程明對此可對其ISP主張什麼權利？

解析

發生在二〇〇一年的中美纜線在大陸外海損壞事件，造成臺灣經由中美海纜撥往美國的網路全部中斷，並造成網路大塞車，並造成許多消費者的不便。在這種情形下到底消費者可以主張何種權利？以往大型網際網路服務提供業者（Internet service provider，以下簡稱ISP）均以定型化契約使其責任減輕（例如：需斷線一百二十小時以上，才須負担免月租費的責任），曾有一名寬頻用戶網路斷線十七小時，尋求臺北市政府消保官裁決後，僅索得賠償三十五元。行政院消費者保護委員會為保護消費者之權益，於民國九十一年十一月二十八日會議通過「撥接連線網際網路接取服務定型化契約書範本」。此雖非強制規定ISP與消費者一定要照著這份契約來約定，但相對的提供消費者一個選擇的機會，而消費者在與ISP訂定契約時最好詳細閱讀其定型化契約，以明其權利與義務。

關於行政院消費者保護委員會擬訂的契約範本之第13條對服務中斷的處理：

一、甲方各項設備因預先計畫所需之更動及停機，應於七日前公告於網頁上並寄發電子郵件通知乙方。

二、乙方租用本服務，因甲方系統設備障礙、阻斷，以致發生錯誤、遲滯、中斷或不能傳遞時，其停止通信期間，當月月租費應予扣減，且其扣減不得低於下表：

連續阻斷時間（小時）	扣減下限
十二以上～未滿二十四	當月月租費減收5%
二十四～未滿四十八	當月月租費減收10%
四十八～未滿七十二	當月月租費減收20%
七十二～未滿九十六	當月月租費減收30%
九十六～未滿一百二十	當月月租費減收40%
一百二十小時以上	當月月租費全免

若依照此定型化契約範本之內容，若連續斷線五天以上，該月之月租費是可以全免的。目前中華電信ADSL寬頻上網，依照「中華電信ADSL及網際資訊網路(HiNet)業務租用契約條款」第24條之規定：「客戶租用本業務，因不可歸責於客戶之原因，致系統障礙不能通信時，本公司應扣減租費。ADSL通信連續阻斷二十四小時以上者，每二十四小時扣減ADSL全月租費十五分之一，但不

滿二十四小時部分，不予扣減。HiNet通信連續阻斷十二小時以上者，未滿二十四小時者，扣減當月HiNet月租費百分之五，連續阻斷二十四小時以上者，未滿四十八小時者，扣減當月HiNet月租費百分之十，連續阻斷四十八小時以上者，未滿七十二小時者，扣減當月HiNet月租費百分之二十，連續阻斷七十二小時以上者，未滿九十六小時者，扣減當月HiNet月租費百分之三十，連續阻斷九十六小時以上者，未滿一百二十小時者，扣減當月HiNet月租費百分之四十，連續阻斷超過一百二十小時者，扣減當月HiNet之月租費。前項阻斷開始之時間，以本公司查覺或接到客戶通知之時間為準。但有事實足以證明實際開始阻斷之時間者，依實際開始阻斷之時間為準。」且依第23條之規定：「客戶使用本業務，如因本公司系統設備障礙、阻斷，以致發生錯誤、遲滯、中斷或不能傳遞而造成損害時，其所生之損害，除按本契約條款第廿四條規定扣減租費外，本公司不負損害賠償責任。」

消費者在使用網路遇到服務中斷時，宜先留意與網路服務提供業者所訂立的契約如何約定，適時主張權利。

相關法規

中華民國九十一年十一月二十八日 行政院消費者保護委員會第九十六次委員會議通過撥接連線網際網路接取服務定型化契約書範本（此範本可於行政院消費者保護委員會網站取得，其網頁：http://www.cpc.gov.tw/02main_resource.htm）。

Law about Life

三民出版的法律書籍　您專屬的法律智囊團

生活法律防身術　莊守禮／著

本書作者以從事法律服務及執業多年之經驗，彙整出生活中常見的法律問題，告訴您：當個快樂的債權人所必須注意的事項；和他人有票據往來時，怎樣保障自己的權利？結婚、離婚、收養、繼承要如何辦理才能於法有據？擔任保證人、參加合會及處理車禍事件等等，應遵循什麼基本原則？認識法律其實並不難，只要多一點用心，就能逢凶化吉，甚至防患於未然。

消費生活與法律保護　許明德／著

俗話說：「吃虧就是佔便宜」，但在消費時吃了悶虧，自認倒楣絕對不是最好的方法，面對生產者強大的經濟力、技術力，你，該怎麼辦？

本書深入淺出地為您介紹「消費者保護法」及相關法規，並說明消費爭議的處理方式，讓您充分了解消費者應有的權益，兼具理論與實用，絕對是您保障自身權益的必備寶典！

怎樣保險最保險——認識人身保險契約　簡榮宗／著

保險制度具有分散風險、彌補損失以及儲蓄、節稅等功能，可說是現代人所不可或缺的理財及移轉風險方法。由於保險法的知識並不普及，造成保險契約的糾紛層出不窮。本書文字淺顯，並以案例介紹法院對保險契約常見糾紛之見解，相信必能使一般消費者以及保險從業人員對保險契約及法律規定有清楚之了解，對自我權益更有保障。